第一章
茶文化基础知识

图 1-1 茶圣陆羽

图 1-2 日本茶道

第二章
茶叶基础知识

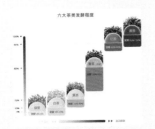

图 2-1 六大茶类发酵程度

图 2-2 绿茶

图 2-3 白茶

图 2-4 黄茶

图 2-5 青茶

图 2-6 红茶

图 2-7 普洱茶

图 2-8 茉莉花茶

图 2-9 湖北老青砖

图 2-10 西湖龙井

图 2-11 洞庭碧螺春

图 2-12 黄山毛峰

图 2-13 信阳毛尖

图 2-14 六安瓜片

图 2-15 太平猴魁

图 2-16 祁门红茶

图 2-17 安溪铁观音

图 2-18 凤凰水仙

图 2-19 君山银针

图 2-20 武夷山母树大红袍茶叶

第 三 章

茶水与茶具

图 3-1 侧提壶

图 3-2 提梁壶

图 3-3 敞口杯

图 3-4 直口杯

图 3-5 盖碗

图 3-6 茶盘

图 3-7 茶荷、茶匙、渣匙、茶针、茶箸

图 3-8 时大彬三足圆壶

第五章

茶席设计

图 5-1 茶席

图 5-2 茶具组合

图 5-3 刺绣桃花铺垫

图 5-4 直立式插花

图 5-5 倾斜式插花

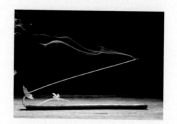

图 5-6 焚香

图 5-7 挂画

图 5-8 抚琴小沙弥

图 5-9 茶点

图 5-10 茶室屏风

图 5-11 茶席设计《春色》

第八章

鸡尾酒的制作

图 8-1 搅拌法

图 8-2 摇荡法

图 8-3 直接注入法（1）

图 8-4 直接注入法（2）

图 8-5 电动搅拌法

图 8-6 天使之吻

图 8-7 特吉拉日出

图 8-8 玛格丽特

图 8-9 血玛丽

图 8-10 金酒菲士

图 8-11 新加坡司令

图 8-12 曼哈顿

图 8-13 彩虹酒

图 8-14 自由古巴

图 8-15 红粉佳人

图 8-16 抛

图 8-16 接

图 8-17 转

职业教育旅游服务与管理专业教学用书

茶艺与调酒技艺（第3版）

主　编　宋　锐
副主编　徐　云　　王维顺　　刘春英

电子工业出版社·

Publishing House of Electronics Industry

北京·BEIJING

内容简介

本书主要内容包括茶文化基础知识、茶叶基础知识、茶水与茶具、茶的冲泡方法与技巧、茶席设计、酒文化基础知识、鸡尾酒概述、鸡尾酒的制作、酒吧服务与经营。本书突出以就业为导向，以能力为核心，结合现代市场茶艺与调酒技艺的实践，注重技能学习与训练。

本书可作为职业院校旅游商贸专业教学用书，也可作为茶艺师与调酒师的培训用书。

本书配有电子教学参考资料包，包括教学指南、电子教案、复习思考题参考答案及电子模拟试题，详见前言。

图书在版编目（CIP）数据

茶艺与调酒技艺 / 宋锐主编 . —3 版 . —北京：电子工业出版社，2018.8

ISBN 978-7-121-34505-0

Ⅰ . ①茶… Ⅱ . ①宋… Ⅲ . ①茶文化－中国－职业教育－教材 ②酒－调制技术－职业教育－教材
Ⅳ . ①TS971.21 ②TS972.19

中国版本图书馆 CIP 数据核字（2018）第 129214 号

策划编辑：徐　玲
责任编辑：靳　平
印　　刷：北京虎彩文化传播有限公司
装　　订：北京虎彩文化传播有限公司
出版发行：电子工业出版社
　　　　　北京市海淀区万寿路173信箱　邮编100036
开　　本：787×1 092　1/16　印张：11.5　字数：307.2千字　彩插：3
版　　次：2009年7月第1版
　　　　　2018年8月第3版
印　　次：2025年2月第10次印刷
定　　价：35.00元

前　言

中国人饮茶的历史悠久，自古以来，茶香留众口，芬芳飘四海，茶叶以其独特的功效深受人民群众的喜爱，成为风靡世界的大众饮品。随着人类文明的不断发展，茶这种饮品早已突破单纯的物质形态，上升到文化层面和精神层面，形成了源远流长、影响深远、极具群众性的茶文化。

中国是茶的故乡，茶是中国的国饮。中国人懂茶趣，也讲究饮茶艺术。

当代中国，大部分地区都以清饮的冲泡茶为主，但各地区对茶叶种类的爱好仍有不同。一般来说，北方人喜欢喝花茶；南方人，尤其是江、浙、皖等地的人喜欢喝绿茶；东南沿海地区的人则喜欢喝乌龙茶。

近年来，茶馆更为兴盛，特别是大中城市，茶馆比比皆是，仅武汉一地，就有上千家之多。不少茶馆布局优美，置有假山、字画、花木盆景，幽雅宜人，真所谓"座畔花香留客饮，壶中茶浪似松涛"。更多的茶馆则面向大众，摆满竹椅，客来随意设座，三五成群，人持一盅茶，海阔天空，谈笑风声。熙熙攘攘、热热闹闹的茶馆，极具浓厚的地方色彩，成为中外游客慕名而至的重要场所。

渗透于整个中华五千年文明史的酒文化是中国传统文化中的辉煌篇章，从民风民俗、文学艺术、文化娱乐到饮食烹饪、养生保健等各方面，在人们的生活中占有重要的位置，每逢重大节日都有相应的饮酒活动。

随着人民生活水平的极大提高，生活方式也有了极大变化，人们的保健意识随之增强，逐渐疏远了传统的烈性酒，而转向低度酒、保健酒，于是鸡尾酒便悄然兴起。中式鸡尾酒的调酒师不懈努力，运用各种中外材料进行调配，创造出花样繁多的款式，为人们提供了无数种口味的选择。

茶和酒与人们的生活息息相关，随着经济的繁荣和物质文化生活水平的提高，人们对饮食的要求已不仅仅是为了果腹，而是追求更高层次的精神文化享受。

茶文化与酒文化的相似之处在于它们都是一种交际文化。对于旅游商贸专业的学生来说，了解社会、熟悉社会是做好服务工作的前提。因此，本书内容对于旅游商贸专业的学生来说是重要的，也是必需的，是每一名旅游商贸专业的学生都应掌握的。学习茶艺，可以对学生进行思想品德教育。通过饮茶的艺术实践过程，可引导饮茶人完善其品德、修养，达到人类共同追求和谐、健康、纯洁与安乐的崇高境界。

在2018年6月上合组织"青岛峰会"上，习主席说："儒家思想是中华文明的重要组成部分。"儒家倡导"大道之行，天下为公"，主张"协和万邦，和衷共济，四海一家"。这种"和合"理念同茶文化、酒文化的"和"是相通的。

茶艺与调酒都注重技能训练，其技能、技艺有相当的难度，为加强实践教学，本书精选了大量泡茶与调酒的实际案例，供学生练习。

本书注重运用直观形象的操作示意图，力求深入浅出、图文并茂、通俗易懂。为便于学生学习，本书设有教学目标、小知识、阅读欣赏、课堂讨论等栏目。

参加本书编写的教师，在茶艺与调酒技艺教学战线辛勤耕耘十余年，有娴熟的专业技能和丰富的教学经验。建议理论教学为30学时，实训教学为30学时。授课内容及主要学时分配如下表所示。

序　号	课程内容	理　　论	实　　训	课　　时	备　　注
1	茶文化基础知识	6		6	
2	茶叶基础知识	4		4	
3	茶水与茶具	2	2	4	
4	茶的冲泡方法与技巧	4	12	16	
5	茶席设计	2	5	7	
6	酒文化基础知识	2		2	
7	鸡尾酒概述	2		2	
8	鸡尾酒的制作	4	9	13	
9	酒吧服务与经营	4	2	6	
合计		30	30	60	

本书第2版受到广大职业院校师生欢迎，在使用过程中也提出许多宝贵意见，在第3版修订过程中，根据具体情况，我们增加了许多新内容，如茶席设计，特别是增加了大量图示和彩色插页，希望对师生的"教"与"学"有更大帮助。

本书由宋锐担任主编，徐云担任副主编并编写第二章，王维顺担任副主编并编写第七章和第八章，刘春英担任副主编，李柏华编写第一章，方露编写第三章，徐晋霞编写第四章，邓志菊编写第五章，江军编写第六章，王丹编写第九章。全书由武汉市第二职业教育中心学院何志勇担任主审。

本书在编写过程中参考了许多权威著作和资料，并得到业内许多专家、学者的大力支持，武汉交通职业学院教授鄢向荣提出了大量宝贵意见，在此一并致谢！

为方便教师教学，王颖、胡少文、徐紫燕制作了本书电子教学参考资料包，包括教学指南、电子教案、复习思考题参考答案及电子模拟试题，并有大量茶艺实际操作与调酒实物的图示。请有此需要的教师登录华信教育资源网，免费注册后再进行下载，有问题请在网站留言板留言或与电子工业出版社联系（E-mail：hxedu@phei.com.cn）。

由于时间和水平有限，书中的错误和疏漏在所难免，敬请广大读者指正。

编　者
2018年6月

目　　录

第一章　茶文化基础知识...1
　　第一节　中国茶文化的源流...1
　　第二节　中华茶德与茶礼...5
　　第三节　丰富多彩的当代茶文化...8
　　第四节　中国茶文化精神..12
　　复习思考题..15
第二章　茶叶基础知识..18
　　第一节　茶叶的分类及特点..18
　　第二节　茶叶的品质鉴别及保管常识..25
　　第三节　中国十大名茶..30
　　第四节　茶与健康..36
　　复习思考题..42
第三章　茶水与茶具..44
　　第一节　泡茶用水的分类和名泉..44
　　第二节　茶具分类及产地..49
　　第三节　茶具的分类和功能..54
　　复习思考题..59
第四章　茶的冲泡方法与技巧..61
　　第一节　茶艺基础知识..61
　　第二节　绿茶的冲泡..71
　　第三节　花茶的冲泡..79
　　第四节　红茶的冲泡..82
　　第五节　乌龙茶的冲泡..85
　　复习思考题..92
第五章　茶席设计..95
　　第一节　茶席的概念..95
　　第二节　茶席设计的基本构成要素..96
　　第三节　题材选择与表现方法...101
　　第四节　茶席设计的技巧...104
　　第五节　照明和音乐...105
　　复习思考题...106
第六章　酒文化基础知识...108
　　第一节　酒的源流...108
　　第二节　丰富多彩的酒文化...109

第三节　酒的分类 110

第四节　名酒知识 112

第五节　非酒精饮料 117

复习思考题 119

第七章　鸡尾酒概述 **123**

第一节　鸡尾酒的源流 123

第二节　鸡尾酒的特点和分类 125

第三节　调酒师的职业要求 130

复习思考题 131

第八章　鸡尾酒的制作 **133**

第一节　调酒用品和用料 133

第二节　调酒的基本技法 137

第三节　花式调酒表演技法 147

第四节　鸡尾酒的创作 152

复习思考题 155

第九章　酒吧服务与经营 **158**

第一节　酒吧分类 158

第二节　酒吧服务 160

第三节　酒吧的经营 163

第四节　酒吧经营者应具备的基本素质 167

复习思考题 169

附录 **172**

附录 A　国家茶艺师职业标准 172

附录 B　国家调酒师职业标准 174

附录 C　经典鸡尾酒中英文对照 175

参考文献 **177**

第一章　茶文化基础知识

教学目标

1. 认识中国茶文化的特征。
2. 了解中国茶文化的形成和发展。
3. 了解中国茶道的内容。
4. 掌握中华茶德的核心内容。

第一节　中国茶文化的源流

一、中国茶文化的形成

中国茶文化的起源要追溯到汉代。在茶文化的历史长河中，最早喜好饮茶的多是文人雅士。在文学史上，提起汉赋，首推司马相如和扬雄，他们都是早期著名的茶人。西汉司马相如在《凡将篇》中记录了当时20种药物，其中的"荈诧"就是茶。司马相如是四川人，与夫人卓文君在成都开过小酒店，他的记录很可能来源于家乡的亲眼目睹。西汉末，扬雄在《方言》中说："蜀西南人谓茶曰蔎。""自西汉至晋代二百年间，涪陵、什邡、南安、武阳皆出名茶。"

有正式文献记载的，说得更为具体而生动的，是西汉末年王褒的《僮约》赋。这是一篇游戏文字，是王褒为僮仆列举的种种杂役，其中"烹茶尽具"和"武阳买茶"都与茶有关。规定了必须经常烹茶、洗涤茶具，还建议要到武阳（今四川省彭山县）去买茶，这篇赋写于汉宣帝神爵三年（公元前59年），可以看出，至少在西汉时期，茶叶已成为四川民众的日常饮品。

中原地区的饮茶习惯，主要是从四川传入的。清代学者顾炎武在《日知录》里说："自秦人取蜀而后，始有茗饮之事。"我们也不排除茶叶由云南直接引入中原的可能性。秦汉间所著的《神农本草经》中说："茶生益州（郡名，汉置，包括云南大理等地），三月三采。"可见汉代人们已知川滇是茶的故乡。

茶文化产生的初期是由儒家积极入世的思想开始的。魏晋南北朝时，一些有眼光的政治家便提出了"以茶养廉"，以对抗当时的奢侈之风。魏晋以后，社会越来越混乱，一些文人整天高谈阔论，清谈之风逐渐风行。每日清谈，必有助兴之物，于是多兴饮宴，所以最初的清谈家多是酒徒，如竹林七贤。但是能豪饮而终日不醉的人毕竟是少数，而茶则可长饮而且始终保持清醒，于是清谈家们就转向喝茶。

二、中国茶文化的发展

图1-1　茶圣陆羽

唐朝是我国茶文化发展的重要时期。唐朝茶文化的形成与当时的经济、文化发展有着密切的关系。唐朝疆域广阔，注重对外交往，长安是当时政治、文化中心，中国茶文化正是在这种大气候下形成的，并得以发展壮大。茶文化的兴盛还与当时佛教的发展、科举制度的兴起、诗风的盛行、贡茶的出现及禁酒有关。唐朝陆羽（见图1-1）的茶学、茶艺、茶道思想自成一家，所著的《茶经》是一个划时代的标志。《茶经》并非只讲茶，而是把诸家精华及诗人的气质和艺术思想渗透其中，奠定了中国茶文化的理论基础。文人志士在饮茶过程中还创作了许多茶诗，仅《全唐诗》中记录并留传至今的就有百余首。

唐朝是以僧人、道士、文人为主的茶文化，而宋朝则进一步向社会上层及下层拓展。一方面是宫廷茶文化的出现，另一方面是市民茶文化和民间斗茶之风的兴起。宋代改唐代直接煮茶法为点茶法，讲究色、香、味的统一。到南宋末年，又出现泡茶法，为饮茶的普及、简约化开辟了道路。宋代饮茶技艺是相当精致的，但很难融入思想感情。由于宋代著名茶人大多数是著名文人，加快了茶与相关艺术融为一体的过程。像徐铉、王禹偁、林逋、范仲淹、欧阳修、王安石、苏轼、苏辙、黄庭坚、梅尧臣等文学家都好茶，所以著名诗人有茶诗，画家有茶画，书法家有茶帖。这使茶文化的内涵得以拓展，成为与文学、艺术等纯精神文化直接关联的部分。宋代市民茶文化主要是把饮茶作为增进友谊的社会交际手段。例如，在北宋京城内，有人搬进新居，左右邻居要"献茶"，邻居间请喝茶称为"支茶"，当时，已成为一种民间礼节。

宋代拓宽了茶文化的社会层面和文化形式，茶事十分兴旺，但茶艺走向繁复、琐碎、奢侈。元朝时，北方民族虽爱好喝茶，但对宋人烦琐的茶艺不耐烦。文人也无心以茶事表现自己的风流倜傥，而希望在茶中表现自己的气节，磨炼自己的意志。在茶文化中这两种思潮暗暗契合，即茶艺走向简约，返璞归真。从元朝到明朝中期的茶文化形式相近，一是茶艺简约化，二是茶文化精神与自然契合，以茶表现气节。明末到清初，精细的茶文化再次出现，制茶、烹饮虽未回到宋朝时代的烦琐，但喝茶的社会风尚由盛而衰，不少爱茶的人出现了玩物丧志的倾向。

无论古代，还是当代；无论是封闭环境，还是开放社会，爱茶人士都很多，茶不醉人人自醉。人们用文言、白话为茶作传，为茶礼赞。茶，已经超越了自身固有的物质属性，迈入了精神领域，成为一种修养、一种人格力量、一种境界。古往今来，"茶文化"就这样被孕育了出来。

三、中国茶文化的特征

茶文化，就是人类在发展生产、利用茶叶的过程中，以茶为载体，表达人与自然，人与人之间各种理念、信仰、思想情感的文化形态的总称。

围绕茶及相关的一系列物质的、精神的、习俗的、心理的、行为的现象，均属于茶文化的范畴，而作为一种文化现象，它的主要特征如下。

1. 社会性与群众性

社会性是指饮茶可以使人类得到物质享受，并陶冶情操。随着社会的进步，饮茶文化已渗透到现代社会的方方面面。在人类发展的历史上，无论是王公贵族，还是普通百姓，甚至是三教九流，茶都是生活必需品，只是喝茶方式和品味有所不同，但对茶的需要和推崇却是一致的。

群众性是指茶文化是一种范围广泛的大众文化，它雅俗共赏，不同人群从茶中各得其所。随着茶物质文化的发展，茶的精神文化也向着广度延伸和深度发展，逐渐形成了固有的道德和民风民情，成为精神社会的重要组成部分。通过爱茶文人的加工，为后人留下了许多与茶相关的文学艺术作品。

2. 民族性和区域性

据史料记载，茶文化始于中国古代生活在四川的巴蜀族人，在发展过程中逐渐形成了以汉族茶文化为主体的茶文明，并由此传播扩展。但每个民族都有自己特有的饮茶风俗，并通过各个民族的特有生活、心理、习惯加以表现，这就是茶文化的民族性。

区域性是指"千里不同风，百里不同俗"。中国地广人多，由于受历史文化、生活环境、社会风情的影响，造就了中国茶文化的区域性。

【想一想】

为什么说饮茶可以使人类得到物质享受，并陶冶情操？

【课堂讨论】

从"客来敬茶"，谈谈中国人待客的特征。

阅读欣赏

中 国 茶 道

中国茶道是一种以茶为媒的生活礼仪，也被认为是一种修身养性的方式，它通过沏茶、赏茶、饮茶来增进友谊、美心修德，学习茶礼法，是一种很有益的和美仪式。中国茶道是"饮茶之道"、"饮茶修道"、"饮茶即道"的有机结合，包括茶艺、茶德、茶礼、茶理、茶情、茶学说、茶导引这七种主要义理。中国茶道以"四谛"为总纲，即和、静、怡、真。

1. 和

"和"是中国茶道的灵魂,是中国茶道的哲学思想核心。茶道的"和"其实就是中国佛、儒、道三家思想杂糅的具体体现。我们应该知道"和"的思想并不是儒家独有的。佛、儒、道三家均提出了"和"的思想,三者之间还是有差别的。佛家推崇的是超越现世的主、客体皆空的宗教形式下的"和"。儒家重视礼义引申的"和"。道家倡导纯自然的"和",反对人为的规范。儒家的"和",体现中和之美;道家的"和",体现无形式、无常规的自然美;佛家的"和",体现规范之美。

中国茶道融合了佛、儒、道三家思想,而突出了道家的随意性,迎合了中国民众的实用心理。这正是区别于日本茶道的根本标志之一。和谐——中国茶文化不朽的灵魂。

"以茶待客"是中国的习俗。有客人来,端上一杯芳香的茶,是对客人极大的尊重,即使客人不来,也可通过送茶表示亲友间的情谊。

在现代生活中,以茶待客、以茶交友,通过茶来表示深情厚意,不仅已深入每家每户,而且也用于机关、团体,甚至成为国家礼仪。无论是宋代汴京邻里的"支茶",还是现在的人们以茶待客和茶话会,茶都是礼让、友谊的象征,都是亲和、和谐的体现。

在2018年6月上合组织"青岛峰会"上,习主席说:"儒家思想是中华文明的重要组成部分。"儒家倡导"大道之行、天下为公",主张"协和万邦、和衷共济、四海一家"。这种"和合"理念同茶道的"和"是相通的。

2. 静

"静"是中国茶道的灵魂,"和"是因"静"而"和"的,没有"静"的氛围和境界,"和"只是一份残缺的心灵。中国茶道是修身养性之道。静是中国茶道修习的必由之路。感悟到一个"静"字,就可以洞察万物、思如风云、心中常乐。道家主静,儒家主静,佛家也主静。古往今来,无论是羽士、高僧,还是儒生,都把"静"作为茶道修习的必经之路。因为静则明,静则虚,静可虚怀若谷,静可洞察明鉴、细致入微。可以说,欲达茶道通玄境,除却静字无妙法。

中国茶道正是通过茶事创造一种宁静的氛围和虚静的空灵心境,当茶的清香浸润着你的心田的时候,你的心灵就会在虚静中显得空明,你的精神就会在虚静中升华,你将在虚静中与大自然融和交汇,达到"天人和一"的"天乐"境界。

3. 怡

"怡"是"静"的怡,"和"的怡,因为"怡"是灵魂的跳动,是脉搏,是瞬间的人生顿悟和心境感受,是淡雅生命中的一丝丝感动和一次次颤抖。

中国茶道是雅俗共赏之道,它体现在日常生活之中,它不讲形式,不拘一格。不同地域、不同信仰、不同文化层次的人对茶道的追求也不同。历史上的王公贵族讲茶道重在"茶之珍",意在炫耀权势,显示富贵,附庸风雅。文人学士讲茶道重在"茶之韵",意在托物寄怀,激扬文思。佛家讲茶道重在"茶之德",意在去乏提神,参禅悟道。道家讲茶道,重在"茶之功",意在品茶养生,羽化成仙。普通老百姓讲茶道,重在"茶之味",意在解渴,去腥除腻,享受人生。

无论什么人都可以在茶事活动中获得畅适和愉快的感受。儒生可"怡情悦性",羽士可"怡情养生",僧人可"怡然自得"。中国茶道的这种"怡悦性",使它拥有非常广泛的群众基础,这种"怡悦性"也是中国茶道区别于强调"清寂"的日本茶道的根本标志之一。

4. 真

"真"是中国茶道的终极追求。

中国人不轻易说"道",一旦论道,就会执着于"道",追求道的"真"。"真"是中国茶道的起点,也是中国茶道的终极追求。"真"不全是真假的真,而是人生真善美的真。"真"是参悟、是透彻、是从容、是宇宙……中国茶道在从事茶事时讲究的"真",不仅包括茶应是真茶、真香、真味;环境是真山、真水;悬挂名家名人的真迹;器具最好是真竹、真木、真陶、真瓷,还包括对人要真心,敬客要真情,说话要真诚。茶事活动的每个环节都要认真,每个环节都要求真。爱护生命,珍惜生命,让自己的身心健康、畅适,让自己的一生过得真实,做到"天天都是好日子",这是中国茶道追求的最高境界。

第二节 中华茶德与茶礼

一、茶德

茶德是指饮茶人的道德要求。简单说来,是将茶艺的外在表现形式上升为一种深层次、高品位的哲学思想范畴,追求真、善、美的境界和道德风尚。

唐代的陆羽在《茶经·一之源》中说:"茶之为用,味至寒,为饮最宜精行俭德之人。"将茶德归之于饮茶人应具有俭朴之美德,不单纯将饮茶看成仅仅是为满足生理需要的饮品。唐末刘贞德在《茶十德》一文中扩展了"茶德"的内容:"以茶利礼仁,以茶表敬意,以茶可雅心,以茶可行道",提升了饮茶的精神要求,包括人的品德、修养,并拓展到和谐的人际关系上。

中国首创的"茶德"观念在唐、宋时代传入日本和朝鲜,产生了巨大影响并得到发展。日本高僧千利休提出茶道的基本精神"和、敬、清、寂",本质上就是通过饮茶进行自我反省,在品茗的清寂中拂除内心的尘埃和彼此间的芥蒂,达到高尚的道德要求。朝鲜茶礼倡导的"清、敬、和、乐",强调"中正"精神,也是主张纯化人的品德的中国茶德思想的延伸。中国当代茶学专家庄晚芳提出的"廉、美、和、敬",程启坤和姚国坤先生提出的"理、敬、清、融",台湾学者范增平先生提出的"和、俭、静、洁",林荆南先生提出的"美、健、性、伦"等,是在新的时代条件下因茶文化的发展与普及,从不同的角度阐述饮茶人应有的道德要求,强调通过饮茶的艺术实践过程,提高品德修养,达到人类共同追求和谐、健康、纯洁与安乐的崇高境界。

一个文明、和谐的现代社会，人们不仅需要物质生活的充裕和满足，而且更需要精神生活的充实和心灵的满足。以茶德为中心的茶道精神，完全能够作用于今天的精神文明建设，提供心灵的精神食粮。在现实社会中，发扬茶道精神，实践茶德，可以起到如下的社会功效。

（1）"闲寂"、"雅静"，是缓解生活压力和紧张的社会生活的"缓松剂"。

（2）"和敬"、"和平"，是以礼待人，以诚处世，互敬互重，互帮互勉，促进新型人际关系的建立，促进社会稳定的"润滑剂"。

（3）"廉俭"、"高洁"，是摆脱"名缰利锁"的羁绊，泰然对待人生的顺境与逆境的"心理平衡器"。

二、茶礼

茶礼是指品茗中的礼仪文化。

中国人有句俗话"开门七件事，柴、米、油、盐、酱、醋、茶。"在中国历史上，无论是富贵之家，还是贫困人家，都离不开茶。中国人的习惯是，凡有客进门，不请吃饭是可以的，但不用茶敬客，则被认为是有失礼仪的。从晋代王濛"茶汤敬客"、陆纳"茶果待客"、桓温"茶果宴客"到唐人陆士修"泛花邀坐客，代饮引清言"、宋人杜耒"寒夜客来茶当酒，竹炉汤沸火初红"，以及清人高鹗"晴窗分乳后，寒夜客来时"、郑清之的"一杯香露暂留客，两腋清风几欲仙"的诗句中，可以看到茶与待客、敬客一直有着不解之缘。"客来敬茶"令茶文化具有浓厚的人情色彩。

"客来敬茶"是中国人的传统美德，无论来客的身份高低，客人来了都要以茶相待，但是客人的身份不同，所敬的茶也可能不尽相同。自古以来，中国人重情好客，以茶会友，用茶示礼。所以，在中国，上至庆祝重大节日，招待各国贵宾，下到庆贺良辰美事，招待亲朋好友，乃至在社交、家庭、车间、码头、田间及其他场合，茶成了必备的款待物。还有始于唐，盛于宋，经历明、清，绵延至今的斗茶和茶宴、茶会和茶话会，虽然历经千余载，仍经世不绝。茶话会，这一朴实无华、自然祥和、用茶传情、以茶助乐的社交集合形式，如今已风靡世界。

近代在大、中城市出现的音乐茶座，以及20世纪80年代以来涌现的茶艺馆，都是古代茶文化和现代文明的结合体。在这里，品茗为了助乐，娱乐不离饮茶，使之成为以高雅的物质生活和精神享受为最终目的品茗之地。如今，在中国，茶已渗透到各个角落、各个阶层、各个方面，茶已成为与各族人民生活紧密结合的举国之饮。

敬茶也体现在对人的尊敬上，通过敬茶可以展现主人的文明礼貌和自身修养。客人应邀而至，主人要亲自洁具备茶、煎水冲泡。清洁是品饮中必不可缺的环节，不仅品饮环境要清洁，茶具要卫生，泡茶时的一切动作都要维护茶的圣洁。

例如，不可用手抓取茶叶；不可在泡茶时涂抹香水和其他具有刺激性味道的东西；敬茶时，要为客人选择最好的茶品、最好的茶具、最优质的水。冲泡过程中，一系列的动作要连贯、圆融，斟茶不可过满，也不可过浅，以七分为宜。敬茶时，先敬老者、尊者，双手将茶捧上，表示对客人的尊重。客人也应双手接杯，以示对主人的谢意。品饮时，可向客人做必要的解说，帮助客人了解茶性，也可以与客人切磋技艺，还要及时为客人添注茶汤。饮茶时，可以预备一些茶食，以助茶趣。品饮须缓啜慢饮，仔细体察茶之真味。饮毕，要待客人走后才可以收具清洗，以示对客人的尊重。

可用九个字来概括全过程：备、洁、煎、沏、奉、接、品、斟、清。

品茶的全过程，每一程序都包含"敬"的意味，敬茶不只是社交礼节，也是生活艺术，更是一个人修养的体现。

阅读欣赏

日 本 茶 道

日本茶道源于中国，但在日本独特的环境下，它同宗教、哲学、伦理、美学自然地融为一体，成为一项综合性的文化艺术活动。日本茶道是在"日常茶饭事"的基础上发展起来的。它不仅是物质享受，还可以陶冶人的性情，培养人的审美观和道德观念。就像桑田中说的，"茶道已从单纯的趣味、娱乐，前进成为表现日本人日常生活文化的规范和理想。"一场正式的日本茶道持续大约四个小时，整个过程中主人都在全神贯注地营造出一个能够给客人带来美好享受并且身心舒畅的环境，让客人获得心灵的平静。如图1-2所示，日本茶道是室内传统艺术，是在与日常生活完全隔绝的特殊场所、在特定的时间内举行的艺术仪式，必须通过极其烦琐的手续，使用特定的手法才能完成。

图1-2　日本茶道

除了讲究特殊的手法，日本茶道还强调人与人之间的联系。日本茶道的茶不是个人的茶，而是集体的、大家共有的。茶道的核心就是茶的聚会。所有参加茶会的人通过茶道，都可以摆脱现实社会的制约，使人与人之间的关系从内心深处变得融洽起来。日本茶道包括一种精神主义，即强调"清、静、和、寂"。在茶道的历史

上，有不少人为求心之道花费了一生的时间。茶道正是建立在这种基础上，所以它很自然地将追求一种独特的精神境界作为自己的奋斗目标，即所谓的求道性。

日本茶道的礼法分为三种：炭礼法、浓茶礼法和淡茶礼法。

炭礼法就是为烧沏茶水的地炉或者茶炉准备炭的程序。它包括准备烧炭工具、打扫地炉、调整火候、除炭灰、添炭、点香等。浓茶礼法和淡茶礼法是主人制茶、客人品茶的一整套的程序和章法。

在制茶之前，主人要擦拭所有茶具，擦拭前，还要先进行绢巾的操演。主人从腰里拿出白色的绢巾，仔细打量一番，折成三角形，再折小，然后开始擦拭茶罐，擦完茶罐后擦茶勺，横擦一次，竖擦两次，接下来擦清水罐，最后擦茶碗。擦茶碗的程序是：先用热水清洗，然后用绢巾擦干，擦三圈半，最后将茶碗的正面转向自己。

制茶时，主人将少许呈粉末状的末茶放进瓷碗中，加进沸水，用特制的竹筅搅拌茶水，直到茶汤泛起泡沫。

敬茶时，主人用左手掌托碗，右手五指持碗边，跪地后举起茶碗，要与自己额头平齐，尊敬地将茶送到正客面前。

正客接过茶碗时，也要举案齐眉，以示对主人致谢。再把它放在自己和下一位客人之间，并且向下一位客人道歉说："对不起，我先喝"。然后放下碗，重新举起才能饮茶。

整个茶会，主客的行、立、坐、送、接茶杯、饮茶、观看茶具，甚至擦杯、放置物件和说话，都有特定的礼仪。一次茶道仪式的时间，一般在四个小时左右。结束后，主人要再次在茶室格子门外跪送宾客，同时接受宾客的临别赞颂。

第三节　丰富多彩的当代茶文化

自20世纪70年代以来，随着经济的快速发展，群众生活水平的提高，中国茶文化有了一个良好的发展机遇，在国内很快兴起了"茶文化热"。茶文化的各个方面都有了迅速的发展，现简要介绍如下。

一、各种形式的茶文化活动广泛开展

1985年，在杭州成立的"茶人之家"，经常举办茶会。1989年，在北京举办了"茶与中国文化展示周"，展示了大量中国茶的历史文化图片和名优茶产品，吸引了33个国家和地区的茶文化人士参加。1990年，在杭州举办了"茶文化节"，同时举行茶文化展示、研讨与表演，内容丰富。此后，各地纷纷效仿，举办形式多样的茶叶节和茶文化节。通过这些茶文化活动，既普及了茶文化，也展示了各地的名优茶，促进了茶叶消费，也促进了地方经济的发展。

二、茶文化的研讨与交流顺利开展

自1990年在杭州举办第一届国际茶文化研讨会之后，中国国际茶文化研究会每两年举行一次国际茶文化研讨会。许多国家和地区的茶文化专家、学者踊跃参加，对茶文化的方方面面深入研讨，这对促进茶文化的进一步发展十分有利。

三、茶文化出版物不断涌现

自20世纪80年代末以来，全国各地的茶文化专家，在对茶文化深入研究的基础上，著书立说，茶文化出版物不断涌现。诸如《中国茶经》、《中国——茶的故乡》、《中华茶文化（光盘）》、《中国茶文化经典》、《中国茶叶大辞典》、《中国名茶志》、《中国茶文化大辞典》、《中华茶叶五千年》等大型茶文化著作纷纷出版。此外，茶文化的普及性读物和系列丛书也大量涌现。

四、茶文化社团纷纷建立

从1985年开始，杭州、武汉、厦门、福州、上海、成都、济南等地纷纷建立了"茶人之家"等茶文化团体。1991年，杭州建立了"中国国际茶文化研究会"。21世纪以来，在北京、上海、山东、四川、江西、广东、湖北、辽宁、新疆、云南等地，也纷纷建立了茶文化研究会、促进会之类的社团。中国台湾、香港、澳门地区也先后建立了相应的茶文化团体。这些茶文化社团的建立，为弘扬茶文化、普及茶文化知识、开展国内外茶文化交流、推动茶文化事业的发展等都发挥了积极的作用。

五、茶馆业蓬勃兴起

随着经济的发展、社会的进步，休闲气息浓郁的现代茶馆在各地如雨后春笋般地纷纷开办起来。数万家现代茶馆的出现，已成为现代城市一道亮丽的风景线，也成为休闲文化产业的重要组成部分。不少城市将这些茶馆业的发展纳入了建设文化名城的重要内容。

六、茶文化历史文物和古迹不断被挖掘、整理与考证

近些年来，各地调查发现、挖掘出土的有关茶的文物、古迹不断被报道。例如，云南的古茶树，陕西法门寺的唐代宫廷御用金银茶具，浙江长兴顾渚山的唐代贡茶院遗址，福建建瓯的宋代"北苑贡茶"摩崖石刻，河北宣化古墓中挖掘出的辽代古茶具和煮茶、奉茶、饮茶壁画，福建武夷山的宋代斗茶遗址——"竞台"等非常珍贵，具有很高的历史价值。

七、推陈出新，名茶不断涌现

各地具有丰富文化内涵的历史名茶和新创名茶，在这十多年来得到了迅速的恢复和发展。一批批"文化名茶"在各级评比中纷纷亮相。有些历史文化名茶获得"金冠"后，市场拍卖十分火暴，有些拍卖价十分惊人。这对促进名优茶生产，繁荣茶叶经济十分有利。近年来，湖北省每年春秋两季在武汉国际会展中心举办茶业博览交易会，百位紫砂艺人、千家名企品牌、万种茗茶名器、千万巨惠豪礼共享茶业盛宴。

八、创新与发展茶具艺术

改革开放四十年来，紫砂茶具、瓷器茶具的造型和艺术装饰都在不断创新，随着茶艺、茶道的发展，出现了多种整套性茶具。另外，一些纯粹为观赏和收藏的各种精雕细刻的石茶具、紫砂茶具、瓷茶具、漆器茶具等五花八门，很有观赏价值。还有为各类纪念活动特制的茶具更是多种多样。

九、涌现出大量茶文化艺术品

近几年来，随着茶文化活动的频繁开展，有关茶内容的书画作品层出不穷。前些年，中国国际茶文化研究会组织一些著名书画家，成立了"中国国际茶文化书画院"，很多作品颇有气势。茶文化艺术品除书画作品外，还有以茶为内容的根雕、泥塑、金石、绣品等。

十、重视培养茶文化人才

全国已有几十家高等院校设立了茶文化专业，不少大学里的茶文化选修课很受欢迎。特别是在高、中职院校里，茶文化和茶技能专业深受学生欢迎，泡茶已成为一门技艺。国家人社部已将"茶艺师"列为职业技能培训的范畴。全国各地的高职、中职学校旅游商贸服务专业普遍开设了茶艺教学课，培养专业茶艺人才。同时，各地开办的初级、中级、高级茶艺师培训班，也很受欢迎。有趣的是，日本、韩国和不少西方国家的茶文化人士，也纷纷来中国学习中国泡茶技艺。

十一、泡茶技艺得到发展，茶艺表演精彩纷呈

近几年发展起来的泡茶技艺，在很多茶事活动中形成了茶艺表演。这种茶艺表演，把泡茶的实用技术进行艺术加工后，形成了一种表演艺术。各民族、各种茶类的茶艺表演十分精彩，它已成为现代茶文化的一个重要组成部分。自2013年以来，湖北省人社厅连续五年在茶圣陆羽的故乡湖北省天门市举办"湖北省茶艺师技能大赛"，来自全省十多个地市州的选手同台竞技。同时，湖北省教育厅年年在武汉市举办高、中职学生茶艺技能大赛，这些活动有力地促进了茶艺技能的发展。

十二、各地开始兴起茶旅游事业

中国不少旅游胜地也是名茶产地,有些历史名茶产地就有着茶文化的历史遗留,如浙江长兴顾渚山的唐代贡茶院遗址、杭州龙井的十八棵御茶、四川蒙山的汉代仙茶园、浙江余杭的径山寺、天台的国清寺、福建武夷山的大红袍等。这些地方都已开展与茶文化内容相结合的旅游活动,受到游客的普遍欢迎。

阅读欣赏

好　茶

我每天为自己煮上一壶好茶。尽管没有同饮人,但我依然可以"举杯邀明月,对影成三人";尽管连婴儿都知道冲着麦当劳大叔和肯德基爷爷开怀大笑,但这不会妨碍青碧的茶叶在云蒸霞蔚间、雨露甘霖中静静的生长,不是吗?

何为"好茶"?按照古人的标准,"好茶"必与好水、好火、好茶具甚至好环境环环相扣。

"茶宜精舍,云林竹灶,幽人雅士,寒宵兀坐,松月下,花鸟间,清泉白石,绿鲜苍苔,素手汲泉,红妆扫雪,船头吹火,竹里飘烟。"

如今,要想达到古人对一壶"好茶"的要求,几乎是不可能的。

在研习完中国茶艺后,日本人在本土成功培育出茶树,并把茶道凝练为"品茶心"三个字。

"品茶心",便是"和、静、清、寂"。只要有了这样的心境,无论在幽静清雅的山林间,还是在熙熙攘攘的人群中,你都能品到一壶好茶。而有了这样的心境,即便品不到茶,也拥有一颗像茶一样清雅的心。

曾经在大雪纷飞的深夜里,我邂逅一道终生难忘的茶。

许多年前了,那场雪下得真大,鹅毛般漫天飞舞。夜色中赶路的我不得不缩着脑袋钻进一家亮着灯的小店避雪。进去一看,小店竟然是一家典雅、干净的茶铺。

一位头发花白的老人,正寂寞地坐在一个斑驳的花梨木茶墩前候着一壶开水。看到我进来,老人很高兴,招呼我过去喝茶,我欣然答应。

茶是普通的铁观音,茶具也是普通的紫砂,就连水,也不过是从水管中接出的自来水,但是老人却用一双苍老的手将茶冲泡得如同行云流水。看着团团的茶叶在茶壶中尽情地翻滚、舒展,闻着袅袅升腾起来的氤氲茶香,听着老人缓缓回忆故乡茶场的风貌,我深感一种难得的默契。

待到茶端上来时,说实话,味道已经被整个氛围冲散了。这雪、这人、这缘,茶不醉人人自醉。

前些天在束河旅游,我无意中闯入一家幽静的茶室。贴了壁纸的墙上挂满了经文、经图;几条中国刺绣的榻沿着房间四面排开;茶室中央是一个古董般的大肚子黑瓷,一把菖蒲,斜插在粗犷的水罐中。

这时，一位颇有风度的男人走来，向我介绍，茶室是喇嘛们开过光的；经文是他请活佛撰写的；瓮里是他从玉龙雪山脚下的黑龙潭取来的雪水，专门用来冲泡极品普洱。

"极品？"我问。

"是的，要上千元才能品尝到。"他尽量语气淡淡地说。

我笑笑走开。其实我很想告诉他，"极品"在品茶人的心中，无关乎水、无关乎器、无关乎钱。

煮一壶好茶，需要用的莫过于一颗纯净的心。

（作者：王莹莹）

【想一想】

为什么说"煮一壶好茶，需要用的莫过于一颗纯净的心"？

第四节 中国茶文化精神

一、茶文化的概念

茶文化是茶事活动中所形成的精神文化。不仅如此，茶学横跨自然科学和人文科学两大领域，茶文化是茶学中的人文科学部分。

从广义上讲，茶文化分为茶的自然科学和茶的人文科学两个方面；从狭义上讲，着重于茶的人文科学，主要指茶对精神和社会的功能。

因此，茶文化应该有广义和狭义之分。广义的茶文化是指整个茶叶发展历程中有关物质和精神财富的总和。狭义的茶文化则是专指其"精神财富"部分，是研究茶在被应用过程中所产生的文化和社会现象。

二、中国茶文化的精神内涵

文化的内部结构包括物态文化、制度文化、行为文化、心态文化。

物态文化是人类的物质生产活动方式和产品的总和，是可触知的具有物质实体的文化事物。

制度文化是人类在社会实践中组建的各种社会行为规范。

行为文化是人际交往中约定俗成的以礼俗、民俗、风俗等形态表现出来的行为模式。

心态文化是人类在社会意识活动中孕育出来的价值观念、审美情趣、思维方式等主观因素，相当于通常所说的精神文化、社会意识等概念。这是文化的核心。

那么，茶文化也应该有这样四个层次。

（1）物态文化——人们从事茶叶生产的活动方式和产品的总和，即有关茶叶的栽培、制造、加工、保存、化学成分及疗效研究等，也包括品茶时所使用的茶叶、水、茶具及桌椅、茶室等看得见、摸得着的物品和建筑物。

（2）制度文化——人们在从事茶叶生产和消费过程中所形成的社会行为规范。例如，随着茶叶生产的发展，历代统治者不断加强其管理措施，称之为"茶政"，包括纳贡、税收、专卖、内销、外贸……据《华阳国志·巴志》记载，早在周武王伐纣之时，巴蜀地区的"茶、蜜、灵龟……皆纳贡"。至唐以后贡茶的份额越来越大，名目繁多。从唐代建中元年（公元780年）开始，对茶叶征收赋税："税天下茶、漆、竹、木，十取一。"（《旧唐书·食货志》）。大和九年（公元835年），开始实行榷茶制，即实行茶叶专卖制（《旧唐书·文宗本纪》）。宋代蔡京立茶引制，商人领引时交税，然后才能到指定地点取茶。自宋至清，为了控制对西北少数民族的茶叶供应，设茶马司，实行茶马贸易，以达到"以茶治边"的目的。对汉族地区的茶叶贸易也严加限制，多方盘剥。

（3）行为文化——人们在茶叶生产和消费过程中约定俗成的行为模式，通常是以茶礼、茶俗及茶艺等形式表现出来。例如，宋代诗人杜耒"寒夜客来茶当酒"的名句，说明客来敬茶是我国的传统礼节；千里寄茶表示对亲人的怀念；民间旧时行聘以茶为礼，称为"茶礼"，送"茶礼"称为"下茶"，古时谚语曰"一女不吃两家茶"，即女家受了"茶礼"便不再接受别家聘礼；还有以茶敬佛、以茶祭祀等。至于各地、各民族的饮茶习俗更是异彩纷呈，各种饮茶方法和茶艺程式也如百花齐放，美不胜收。

（4）心态文化——人们在应用茶叶的过程中所孕育出来的价值观念、审美情趣、思维方式等主观因素。例如，人们在品饮茶汤时所追求的审美情趣，在茶艺操作过程中所追求的意境和韵味，以及由此升华的丰富联想；反映茶叶生产、茶区生活、饮茶情趣的文艺作品；将饮茶与人生处世哲学相结合，上升至哲理高度，形成所谓茶德、茶道等。这是茶文化的最高层次，也是茶文化的核心部分。

因此，广义的茶文化应该由上述四个层次组成。但是第一层次（物态文化）早已形成一门完整、系统的科学——茶叶科学，简称茶学。第二层次（制度文化）属于经济史学科研究的范畴，而且也是成绩显著，硕果累累。

如此看来，我们要研究的狭义茶文化是属于平常所谓的"精神文明"范畴，但是它又不是完全脱离"物质文明"的文化，而是结合在一起的。茶道、茶艺、茶礼、茶俗都是在茶叶应用过程中体现出来的，若分离开也就不存在茶文化了。

三、茶文化的社会功能

当文化的各个层次及其核心部分明确之后，我们就可以明白茶文化与一般的饮食文化有着很大的区别，即它除了满足人们的生理需要之外，更重要的是为了满足人们的心理需求。茶道精神是在茶艺操作过程中体现的，是人们在品茗活动中一种高品位的精神追求。人们走进现代茶艺馆，并不只是为了解渴，也不仅仅是为了保健，而是为了追求文化上的满足，是高品位的文化休闲，也可以说是一种高档次的

文化消费。经营茶艺馆，除了追求经济效益，还要重视茶文化知识的普及和推广。经常举行茶艺表演，开办茶艺知识讲座和培训，积极参与茶文化活动，显示出自觉的文化积极性，这是其他餐饮业所无可比拟的。对茶艺馆的茶艺工作者，在文化素质上的要求也要比餐厅服务员更高一些，除了服务顾客之外，还肩负着普及茶艺知识、推广茶文化的任务，应该具有一种使命感和荣誉感。

那么，茶文化究竟具有哪些社会功能呢？前述众多有关茶道、茶德的论述，已包括这方面内容，也就是说，那些茶德所要求做到的，就是茶文化的社会功能，就是茶文化对社会的贡献。

唐代刘贞亮在《茶十德》中曾将饮茶的功德归纳为十项："以茶散闷气，以茶驱腥气，以茶养生气，以茶除疠气，以茶利礼仁，以茶表敬意，以茶尝滋味，以茶养身体，以茶可雅心，以茶可行道。"其中"利礼仁"、"表敬意"、"可雅心"、"可行道"等就是属于茶道范围。因此，除了增进人们健康、促进茶业经济发展、弘扬传统文化之外，还可以将茶文化的社会功能简化归纳为下列三个方面。

（1）以茶雅心——陶冶个人情操。茶道中的"清、寂、廉、美、静、俭、洁、性"等，侧重个人的修身养性，通过茶艺活动来提高个人道德品质和文化修养。

（2）以茶敬客——协调人际关系。茶道中的"和、敬、融、理、伦"等，侧重于人际关系的调整，要求和诚处世，敬人爱民，化解矛盾，增进团结，有利于社会秩序的稳定。

（3）以茶行道——净化社会风气。在当今的现实生活中，商品大潮汹涌，物欲膨胀，生活节奏加快，竞争激烈，人心浮躁，心理易于失衡，人际关系趋于紧张。而茶文化是个雅静、健康的文化，它能使人们绷紧的心灵之弦得以松弛，倾斜的心理得以平衡。以"和"为核心的茶道精神，提倡和诚处世，以礼待人，多奉献一点爱心，多一份理解，建立和睦相处、相互尊重、互相关心的新型人际关系。因此，必然有利于社会风气的净化。

范增平先生在《茶艺文化再出发》一文中曾将茶文化的社会功能具体归纳为下列几个方面。

探讨茶艺知识，以善化人心。

体验茶艺生活，以净化社会。

研究茶艺美学，以美化生活。

发扬茶艺精神，以文化世界。

范增平先生是以另一视角，从四个层面来论述茶文化的社会功能。这里所说的"茶艺文化"，实际上就是茶道精神，也就是茶文化的社会功能，与我们上面所述基本精神是一致的，可以互相参照、互为补充。每一个中国人，都应该自觉地以此作为我们的最高指导原则和最高追求，为祖国博大精深的茶文化事业的蓬勃发展做出积极的贡献。

复习思考题

一、选择题

1. 我国茶文化的起源要追溯到（　　）。

　　A．西周　　　　B．汉代　　　　　C．唐代　　　　D．宋代

2. 中原地区的饮茶习惯主要从（　　）传入。

　　A．广西　　　　B．广东　　　　　C．四川　　　　D．湖南

3. 茶文化产生的初期是由（　　）积极入世的思想开始的。

　　A．儒家　　　　B．道家　　　　　C．佛家　　　　D．其他

4. 魏晋南北朝时期，一些有眼光的政治家便提出了（　　），以对抗当时的奢侈之风。

　　A．以茶养生　　B．以茶养廉　　　C．以茶代酒　　D．其他

5.（　　）是我国茶文化发展的重要时期。

　　A．汉朝　　　　B．唐朝　　　　　C．魏晋南北朝　D．宋朝

6. 日本茶道倡导的基本精神是"和、敬、清、寂"，本质上就是通过饮茶进行自我思想反省，在品茗的"清、寂"中拂去内心的尘埃和彼此间的芥蒂，达到高尚的道德要求，其开创人是（　　）。

　　A．千利休　　　B．庄晚芳　　　　C．程启坤　　　D．范增平

7. 提出了的"廉、美、和、敬"的是中国茶学家（　　）。

　　A．千利休　　　B．庄晚芳　　　　C．程启坤　　　D．范增平

8. 台湾学者（　　）提出的"和、俭、静、洁"，是在新的时代条件下因茶文化的发展与普及，从不同的角度阐述饮茶的道德。

　　A．范增平　　　B．庄晚芳　　　　C．林荆南　　　D．程启坤

9. 中国不少旅游胜地也是名茶产地，如浙江长兴顾渚山的（　　）。

　　A．杭州龙井的十八棵御茶　　　　B．四川蒙山的汉代仙茶园

　　C．唐代贡茶院遗址　　　　　　　D．福建武夷山的大红袍

10. 在古代史料中，茶的名称很多，但（　　）则是正名。

　　A．菜　　　　　B．荼　　　　　　C．茶　　　　　D．其他

11. 1989年，在（　　）举办了"茶与中国文化展示周"，展示了大量中国茶的历史文化图片和名优茶产品，吸引了33个国家和地区的茶文化人士参加。

　　A．北京　　　B．上海　　　　C．武汉　　　　D．杭州

12. 1990年，在（　　）举办了"茶文化节"，同时举行茶文化展示、研讨与表演，内容丰富。此后，各地纷纷效仿，举办形式多样的茶叶节和茶文化节。

　　A．武汉　　　B．长沙　　　　C．杭州　　　　D．南昌

13. 近几年发展起来的泡茶技艺，在很多茶事活动中往往形成了茶艺表演。这种茶艺表演，把泡茶的实用技术进行艺术加工后，形成了一种（　　）。

　　A．写作艺术　B．唱歌艺术　　C．表演艺术　　D．绘画艺术

14. 冲泡过程中，一系列的动作要连贯、圆融，斟茶不可过满，也不可过浅，以（　　）分为宜。

    A．五　　　　　B．六　　　　　C．七　　　　　D．八

15. 如今，在中国，（　　）已渗透到各个角落、各个阶层、各个方面，已成为与各族人民生活紧密结合的举国之饮。

    A．咖啡　　　　B．可可　　　　C．碳酸饮料　　　D．茶

16.（　　），这一简朴无华、自然祥和、用茶传情、以茶助乐的社交集合形式，如今已风靡世界。

    A．酒会　　　　B．烟会　　　　C．茶话会　　　　D．舞会

17. 中国人的习惯是，凡有客进门，不请吃饭是可以的，但不用（　　）敬客，则被认为是有失礼仪的。

    A．烟　　　　　B．酒　　　　　C．碳酸饮料　　　D．茶

18.（　　）改唐代直接煮茶法为点茶法，并讲究色、香、味的统一。

    A．魏晋时代　　B．唐代　　　　C．宋代　　　　D．明代

19. 唐朝陆羽的茶学、茶艺、茶道思想自成一家，所著的（　　）是一个划时代的标志。

    A．《茶谱》　　B．《茶源》　　C．《茶道》　　D．《茶经》

20. 宋代市民茶文化主要是把饮茶作为增进友谊、社会交际的手段。例如，在北宋京城内，有人搬进新居，左右邻居要彼此（　　），邻居间请喝茶称为"支茶"。

    A．献酒　　　　B．献茶　　　　C．献花　　　　D．献果品

21. 我国少数民族地区都有饮茶习惯，其中酥油茶是（　　）的饮茶习俗。

    A．维族　　　　B．藏族　　　　C．蒙族　　　　D．回族

22. 湖北省每年在茶圣陆羽故乡（　　）举办茶艺师技能大赛。

    A.黄石市　　B.咸宁市　　C.宜昌市　　D.天门市

二、判断题

1. 在中国茶文化的历史长河中，最早喜好饮茶的多是文人雅士。 （　　）

2. 著名文人司马相如和扬雄也是早期著名的茶人。 （　　）

3. 根据史料记载，至少在唐朝时期，茶叶已成为四川民众的日常饮品。

    （　　）

4. 唐朝疆域广阔，注重对外交往，长安是当时政治、文化中心，中国茶文化正是在这种大气候下形成的。 （　　）

5. 茶文化的形成还与佛教的发展、科举制度的兴起、诗风的盛行、贡茶的出现及禁酒有关。 （　　）

6. 唐朝杜甫的茶学、茶艺、茶道思想自成一家，所著的《茶经》是一个划时代的标志。 （　　）

7.《茶经》只讲茶，并把诸家精华、诗人的气质和艺术思想渗透其中，奠定了中国茶文化的理论基础。 （　　）

8．志士在饮茶过程中还创作了许多茶诗，仅《全唐诗》中记录并留传至今的就有十余首。　　　　　　　　　　　　　　　　　　　　（　　）

9．宋代人拓宽了茶文化的社会层面和文化形式，茶事十分兴旺，但茶艺走向繁复、琐碎、奢侈。　　　　　　　　　　　　　　　　　　（　　）

10．元到明朝中期的茶文化形式相近，一是茶艺简约化，二是茶文化精神与自然契合，以茶表现气节。　　　　　　　　　　　　　　　　（　　）

11．茶文化，就是人类在发展、生产、利用茶叶的过程中，以茶为载体，表达人与自然、人与人之间各种理念、信仰、思想情感的文化形态的总称。　（　　）

12．我国首创的"茶德"观念在唐宋时代传入越南和朝鲜后，产生巨大影响并得到发展。　　　　　　　　　　　　　　　　　　　　　　（　　）

13．"客来敬茶"不是中国人的传统美德，无论来客的身份高低，客人来了都要以好茶相待。　　　　　　　　　　　　　　　　　　　　（　　）

14．我国对茶的野生利用，有3000年之久。西周时移为家种，也有3000多年了。　　　　　　　　　　　　　　　　　　　　　　　　　（　　）

15．近几年发展起来的泡茶技艺，在很多茶事活动中往往形成了茶艺表演。　　　　　　　　　　　　　　　　　　　　　　　　　　（　　）

16．人社部已将"茶艺师"列为职业技能培训的范畴。
　　　　　　　　　　　　　　　　　　　　　　　　　　　　（　　）

17．什么样的茶是好茶，很难给它一个明确的定义，这是因为茶是一种嗜好品，喝茶者各有所求，各有所好。　　　　　　　　　　　　（　　）

18．敬茶时，先敬老者、尊者，双手将茶奉上，表示对客人的尊重。客人也应双手接杯，以示对主人的谢意。　　　　　　　　　　　　（　　）

19．湖北省每年春秋两季在武汉国际会展中心举办茶业博览交易会。（　　）

第二章　茶叶基础知识

第一节　茶叶的分类及特点

我国是茶叶大国，茶叶历史悠久，品种繁多。不同的茶叶，其冲泡方法和饮用方法不同，要做一个好的茶艺师，必须分清各类茶叶的不同用途。

中国茶类的划分目前尚无统一的方法，从不同角度出发，茶的分类方法众多，分类结果也各不相同，例如，根据茶的生长环境可分为高山茶、平地茶；根据茶的生长采摘季节可分为春茶、夏茶、秋茶、冬茶；根据加工程序可分为毛茶和精制茶等。

目前，从茶叶生产、消费的实际出发，我们通常将茶叶分为基本茶类和再加工茶类。

一、基本茶类

所谓基本茶类，是以茶鲜叶为原料，经过不同的制造（加工）过程形成的不同品质成品茶的类别。在基本茶类中按发酵程度不同，可将茶叶分为六大类：绿茶、白茶、黄茶、青茶、红茶、黑茶。六大茶类发酵程度见图2-1。

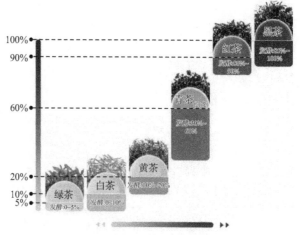

图2-1　六大茶类发酵程度

1. 绿茶

绿茶属于不发酵茶，发酵度为0～5%，可忽略不计。这类茶的颜色是绿色，泡出来的茶汤是绿黄色，因此称为绿茶（见图2-2）。

（1）特点：清汤、绿叶。

（2）干茶：颜色为碧绿、翠绿或黄绿，久置或与热空气接触易变色。

（3）茶汤：呈绿黄色。

（4）原料：为嫩芽、嫩叶，不适合久置。

（5）香型：有清新的绿豆香。

（6）滋味：味清淡、微苦。

（7）代表茶：西湖龙井、碧螺春、黄山毛峰、太平猴魁、六安瓜片等。

（8）加工：鲜叶→杀青→揉捻→干燥。

（9）概念解释：杀青——用高温杀死酶的活性，使鲜叶失去一部分水分，使茶叶的色、香、味稳定下来；揉捻——将茶叶中的叶细胞揉死，改变茶叶的形状；干燥——固形、失去水分、提高香气、便于贮藏。

图2-2 绿茶

2. 白茶

白茶属于部分发酵茶，发酵度为0～10%。因其采用茶树的嫩芽制成，细嫩的芽叶上面盖满了细小的白毫，得名白茶（见图2-3）。

（1）特点：绿叶、红筋。

（2）干茶：色白隐绿，外表披满白毫，茶汤呈象牙白色。

（3）原料：福鼎大白茶种的壮芽或嫩芽。

（4）香型：香气弱。

（5）滋味：清鲜爽口、甘醇。

（6）代表茶：银针白毫、白牡丹、寿眉等。

（7）加工：鲜叶→萎凋→干燥。

图2-3　白茶

3. 黄茶

黄茶属于部分发酵茶，发酵度为10%～20%。制造工艺类似绿茶，制作时加以焖黄，因此具有黄汤、黄叶的特点（见图2-4）。

（1）特点：黄汤、黄叶。

（2）干茶：带有茸毛的芽或芽叶。

（3）香型：香气清纯。

（4）滋味：甜爽。

（5）代表茶：君山银针、霍山黄芽等。

（6）加工：鲜叶→杀青→揉捻→焖黄→干燥。

（7）概念解释：焖黄——把茶堆成一堆，比渥堆时间短，由湿热引起物质变化。

图2-4　黄茶

4. 青茶

青茶属于半发酵茶，发酵度为30%～60%，俗称乌龙茶（见图2-5）。

（1）特点：绿叶、红边。

（2）干茶：呈深绿色或青褐色。

（3）茶汤：呈蜜绿色或蜜黄色。

（4）原料：一芽两叶，枝叶连理。

（5）香型：具有花香果味。

（6）滋味：醇厚回甘，微苦有回甘。

（7）代表茶：安溪铁观音、冻顶乌龙、武夷岩茶（大红袍）、闽北水仙等。

（8）加工：鲜叶→萎凋→摇青→杀青→揉捻→干燥。

（9）概念解释：摇青——茶叶经过摇动后擦伤叶缘，叶缘细胞被破坏后轻度氧化，形成绿叶、红边。

图2-5　青茶

5. 红茶

红茶属于完全发酵茶，发酵度为80%～90%。因其颜色是深红色，泡出来的茶汤又呈朱红色，所以称为红茶（见图2-6）。

（1）特点：红汤、红叶。

（2）干茶：颜色为深红色。

（3）茶汤：呈朱红色。

（4）原料：大、中、小叶都有，分为条形红茶和红碎茶。

（5）香型：具有麦芽糖香、焦糖香。

（6）滋味：浓厚略带涩味。

（7）代表茶：祁红、滇红、宁红、宜红等。

（8）加工：鲜叶→萎凋→揉捻→发酵→干燥。

（9）概念解释：萎凋——鲜叶放置一段时间，失去一部分水分；去掉鲜叶的青草味；可形成花香味；便于揉捻。发酵——经揉捻工序后，细胞内酶液渗出，与茶叶中多酚类物质反应进行发酵，这种发酵称为内源性酶促发酵，又称全发酵。

图2-6　红茶

6. 黑茶

黑茶属于后发酵茶，发酵度为85% ～ 100%。放置的时越间长越好，是我国特有的茶类，生产历史悠久，以制成紧压茶为主。

（1）干茶：呈青褐色。

（2）茶汤：橙黄或褐色。

（3）原料：多为大叶种茶。

（4）香型：具有陈香。

（5）滋味：醇厚回甘。

（6）代表茶：湖南黑茶、云南普洱茶、湖北老边茶、四川边茶、广西六堡散茶等。其中，以云南的普洱茶享有盛名（见图2-7）。

（7）加工：鲜叶→杀青→初揉→渥堆→复揉→干燥。

（8）概念解释：渥堆——是指将晒青毛茶堆放成一定高度（通常在70厘米左右）后洒水，上覆麻布，促进茶叶酵素作用的进行，使之在湿热作用下发酵24小时左右，待茶叶转化到一定的程度后，再摊开来晾干。渥堆是决定黑茶品质的关键工序，渥堆时间的长短，会使成品茶的品质有明显差别。

图2-7　普洱茶

二、再加工茶类

所谓再加工茶类，是以基本茶类的茶叶为原料，经过不同的再加工而形成的茶叶产品类别，包括花茶、紧压茶、萃取茶、果味茶、药用保健茶等几类。

1. 花茶

花加茶窨制而成的茶称为花茶，属于再加工茶类。花茶既有鲜花高爽持久的芬芳，又有茶叶原有的醇厚滋味。

（1）原料：茶主要以绿茶、红茶、乌龙茶为主，花有茉莉花、玫瑰花、桂花、玉兰花等。

（2）香气：散发浓郁花香和茶香。

（3）滋味：凉温都有，因富有花的特质，另有花的风味。

（4）代表茶：茉莉花茶（见图2-8）、玫瑰红茶、桂花乌龙茶。

图2-8　茉莉花茶

2. 紧压茶

紧压茶属于再加工茶类，是将毛茶加工、蒸压而制成的，有茶砖、茶饼、茶团等不同形态。

（1）工艺：将毛茶（主要有绿茶、红茶、乌龙茶、黑茶等）用高温蒸软，压制而成。

（2）颜色：黄褐色。

（3）汤色：枣红色或暗红色。

（4）香气：香气为醇正的陈年旧香。

（5）滋味：醇厚回甘好。

（6）代表茶：乌龙茶——福建（漳平）水仙饼茶；黑茶——湖南的茯砖、黑砖、花砖等，云南的七子饼茶、普洱沱茶、普洱茶饼，四川的康砖、金尖，广西的六堡茶，湖北的老青砖茶（见图2-9）。

图2-9　湖北老青砖

3. 萃取茶

以成品茶或半成品茶为原料，用热水萃取茶叶中的可溶物，过滤弃去茶渣，获得的茶汁经浓缩或不浓缩，干燥或不干燥，制备成固态或液态茶，统称萃取茶，主要有罐装饮料茶、浓缩茶及速溶茶。

4. 果味茶、香料茶

茶叶半成品或成品加入果汁后制成各种果味茶,加入某些食用香料后形成香料茶,如荔枝红茶、柠檬红茶、香兰茶等。

 阅读欣赏

我国茶区分布

1. 西南茶区

西南茶区位于中国西南部,包括云南、贵州、四川三省及西藏东南部,是中国最古老的茶区,茶树品种资源丰富,生产红茶、绿茶、坨茶、紧压茶和普洱茶等,是中国发展大叶种红碎茶的主要基地之一。云贵高原为茶树原产地中心,地形复杂,有些同纬度地区海拔高低悬殊,气候差别很大,大部分地区均属于热带季风气候,冬不寒冷,夏不炎热。茶区土壤:四川、贵州和西藏东南部以黄壤为主,有少量棕壤;云南主要为赤红壤和山地红壤。西南茶区土壤有机质含量一般比其他茶区丰富。

2. 华南茶区

华南茶区位于中国南部,包括广东省、广西壮族自治区、福建省、台湾省、海南省等,为中国最适宜茶树生长的地区。华南茶区的品种资源丰富,有乔木、小乔木、灌木等各种类型的茶树,生产红茶、乌龙茶、花茶、白茶和六堡茶等,所产大叶种红碎茶,茶汤浓度好。除闽北、粤北和桂北等少数地区外,年平均气温为19～22℃,1月平均气温最低,为7～14℃,茶树年生长期在10个月以上,年降水量是中国茶区之最,一般为1200～2000毫米,其中台湾地区雨量特别充沛,年降水量常超过2000毫米。华南茶区土壤以砖红壤为主,部分地区也有红壤和黄壤分布,土层深厚,有机质含量丰富。

3. 江南茶区

江南茶区位于中国长江中下游南部,包括浙江、湖南、江西等省和皖南、苏南、鄂南等地区,为中国茶叶主要产区,年产量约占总产量的2/3。江南茶区主要生产茶类有绿茶、红茶、黑茶、花茶,以及品质各异的特种名茶,如西湖龙井、黄山毛峰、洞庭碧螺、君山银针、庐山云雾等。茶园主要分布在丘陵地带,少数在海拔较高的山区。江南茶区的气候四季分明,年平均气温为15～18℃,冬季最低气温一般在–8℃左右。年降水量为1400～1600毫米,春季、夏季雨水最多,约占全年降水量的60%～80%,秋季干旱。江南茶区土壤主要为红壤,部分土壤为黄壤或棕黄壤,少数土壤为冲积土。

4. 江北茶区

江北茶区位于长江中下游北部，包括河南、陕西、甘肃、山东等省和皖北、苏北、鄂北等地区，为中国北部茶区，主要生产绿茶。江北茶区年平均气温为15～16℃，冬季最低气温一般为-10℃左右，年降水量较少，约为700～1000毫米，分布不均，常使茶树受旱。江北茶区土壤多属黄棕壤或棕壤，是中国南北土壤的过渡类型，但少数山区有良好的小区域气候，故产品质量也不亚于其他茶区，如六安瓜片、信阳毛尖等。

第二节　茶叶的品质鉴别及保管常识

一、茶叶的品质鉴别

茶叶没有绝对的好坏之分，完全依茶的品质和个人的口味而定。要想冲泡一杯质量上乘的茶汤，必须学会鉴别茶质的优劣。

各种茶叶都有高级品和劣等品。例如，乌龙茶有高级的，也有劣等的；绿茶有上等的，也有下等的。所谓好茶、坏茶，是就品质、等级和主观喜恶来说的。不好的茶并不是已经坏了的茶，而是品质较劣的茶。

辨别茶叶的好与坏，一般从赏干茶、闻茶香、观茶汤、品茶味和辨叶底入手。

1. 赏干茶

（1）辨别茶叶的外形。茶叶的外形因种类不同而有各种形态，如扁形、针形、螺形、眉形、珠形、球形、半球形、片形、曲形、兰花形、雀舌形、菊花形、自然弯曲形等，各具优美的姿态。

（2）察看干茶的干燥程度。干茶如果有点回软，最好不要买。

（3）察看茶叶的叶片是否整洁。如果有太多的叶梗、黄片、渣沫、杂质，则不是上等茶叶。

（4）察看干茶的条索外形。条索是茶叶揉成的形态，任何茶都有它固定的形态规格：龙井茶是剑片状，冻顶乌龙茶揉成半球形，铁观音茶紧结成半球状，香片则切成细条或者碎条。不过，光是看干茶，顶多只能看出茶质的三分，并不能马上分辨出好茶与坏茶。

2. 闻茶香

赏茶，只能看出茶叶表面品质的优劣，至于茶叶的香气、滋味则不能够完全体会，所以还要用嗅觉闻茶香。

（1）干茶闻香。将少许干茶放在器皿中或直接抓一把茶叶放在手中，闻一闻干茶的味道，辨别茶香有无烟味、油臭味、焦味或其他异味。

（2）热茶闻香。开汤泡一壶茶，倒出茶汤，趁热打开壶盖，或端起茶杯闻闻茶汤的热香，判断一下茶汤的香型是菜香、花香、果香还是麦芽糖香。综合判断出茶叶的新旧、发酵程度、焙火轻重。

（3）温茶闻香。茶汤温度稍降后，仔细辨别茶汤香味的清浊、浓淡，闻闻中温茶的香气，更能认识其香气特质。

（4）冷茶闻香。喝完的茶汤、茶渣冷却后，更可嗅闻茶的"低温香"或者"冷香"。好的茶叶，有持久的香气。只有香气较高且持久的茶叶，才有余香、冷香，才是好茶。如果是劣等茶叶，香气早已消失殆尽了。

【小知识】

嗅 香 的 技 巧

（1）茶汤浸泡5分钟左右开始嗅香气。

（2）嗅茶香的过程是：吸（1秒）—停（0.5秒）—吸（1秒），依照这样的方法嗅出的茶的香气是"高温香"。

（3）最适合闻茶香的叶底温度为45～55℃，超过此温度时，会感到烫鼻；低于30℃时，茶香低沉，有些气味如烟气、木气等，很容易随热气挥发而难以辨别。

（4）为了正确判断茶叶香气的长短、强弱、清浊及纯杂等，嗅时应重复一两次，每次3秒钟左右。

（5）嗅闻茶香时间不宜过长，以免嗅觉疲劳，灵敏度降低。

3．观茶汤

观茶汤是看茶叶的形与色。一般专业的品茶人士只要一看茶汤，便能知晓茶是否泡得合宜。

1）观茶舞

茶叶一经冲泡后，形状就会发生很大的变化，几乎会恢复茶叶原来的自然状态。这时可以观赏茶叶在冲泡时上下翻腾、舒展之过程，茶叶溶解情况及茶叶冲泡沉静后的姿态。茶叶在杯中浮沉变化，袅袅多姿，像是在跳舞，因此称为茶舞。

特别是用玻璃杯冲泡名优绿茶，嫩度高，芽叶成朵，在茶水中亭亭玉立，婀娜多姿；有的则是芽头肥壮，芽叶在茶水中上下沉浮，犹如旗枪林立。可以同时泡几杯来比较不同茶叶的好坏，其中舒展顺利、茶汁分泌最旺盛、茶叶身段最为柔软飘逸的茶叶是最好的茶叶。

2）观汤色

冲泡茶叶后，内含成分溶解在沸水中的溶液所呈现的色彩，称为汤色。不同茶类汤色会有明显区别；而且同一茶类中的不同花色品种、不同级别的茶叶，也有一定差异。

一般说来，凡属上乘的茶品，都汤色明亮、有光泽，具体说来，绿茶汤色浅绿或黄绿，清而不浊，明亮澄澈；红茶汤色乌黑油润，若在茶汤周边形成一圈金黄色的油环，俗称金圈，更属上品；乌龙茶则以青褐光润为好；白茶，汤色微黄，黄中显绿，并有光亮。

观茶汤要快、要及时，一般情况下，随着汤温的下降，汤色会逐渐变深。以冲泡滤出后10分钟以内来观察较能代表茶的原有汤色。

茶汤的颜色也会因为发酵程度的不同及焙火轻重的差别而呈现深浅不一的颜色。但是，有一个共同的原则，不管颜色深或浅，一定不能浑浊、灰暗，清澈透明才是好茶汤应该具备的条件。

4. 品茶味

茶汤的滋味以微苦带甘为最佳。好茶喝起来甘醇浓稠，有活性，喝后喉头甘润的感觉会持续很久。

舌头可以辨别口味好坏，它分为舌根、舌体和舌尖。舌根感受苦味，舌尖感受甜味，舌缘两侧后部感受酸味，舌尖与舌缘两侧前部感受咸味，舌心感受鲜味和涩味。

1）品茶味的方法

品尝茶味时，舌头的姿势要正确。把茶汤吸入口中后，舌尖顶住上层齿根，嘴唇微微张开，舌稍向上抬，让茶汤摊在舌的中部，再用腹部呼吸从口中慢慢吸入空气，使茶汤在舌上微微滚动。连续吸气两次后，辨出滋味。

初感茶汤有苦味的，应抬高舌位，把茶汤压入舌根，进一步评定苦的程度。茶汤有烟味的，应把茶汤送入口后，闭合嘴巴，舌尖顶住上颚，用鼻孔吸气，把口腔鼓大，使空气与茶汤充分接触后，再用鼻孔把气放出来。这样重复两三次，对烟味的判别效果就很明显。

2）品茶味的温度

品味茶汤的温度要适宜，以40～50℃为最适合，如高于70℃，味觉器官容易烫伤，影响正常品味；低于30℃时，味觉品评茶汤的灵敏度较差，且溶解于茶汤中的物质在汤温下降时逐步析出，汤味由协调变为不协调。

3）品茶味的量

品茶时，茶汤的量也要适宜，每一品以5毫升左右最适宜。过多，满嘴是汤，难以回旋辨味；过少，嘴空，不利于辨别。每次在三四秒内，将5毫升的茶汤在舌中回旋2次，品味3次即可，也就是一杯15毫升的茶汤分3次喝，就是"品"的过程。

4）其他注意事项

（1）品味要自然，速度不能快。

（2）吸力不宜大，以免茶汤从齿间隙进入口腔，将齿间的食物残渣吸入口腔与茶汤混合，增加异味。

（3）品味主要是品茶的浓淡、强弱、爽涩、鲜滞、纯杂等。为了真正品出茶的本味，在品茶前最好不要吃有强烈刺激味的食物，如辣椒、葱、蒜、糖果等，也不宜吸烟，以保持味觉与嗅觉的灵敏度。喝下好的茶汤后，喉咙感觉应是软甜、甘滑，有韵味，齿颊留香，回味无穷。

5. 辨叶底

辨叶底是区分茶叶好坏的最后一步。茶叶叶底中的主要呈色物质是叶绿素、叶黄素、胡萝卜素及红茶色素与蛋白质结合的产物，这些物质不溶于水，泡茶时，它们会残留于茶渣中。

辨叶底主要是用眼看、用手捏，辨认叶底的老嫩、色泽、均匀度、软硬、厚薄，并留意有无掺杂及异常损伤等。

（1）红茶。红茶的叶底是从黄红色到红褐色。

（2）绿茶。绿茶的叶底是从翠绿色到黄绿色。

（3）乌龙茶。乌龙茶的叶底是绿叶红镶边。

（4）黄茶。黄茶的叶底呈黄色。

（5）黑茶。黑茶的叶底呈黑色。

（6）白茶。白茶的叶底呈黄白色。

总之，品茶是从赏干茶的外形开始，开汤之后，将茶壶的茶汤倒入闻香杯中，随后将闻香杯的茶汤倒入品茗杯中，并适时观察茶汤的颜色，取起闻香杯，嗅茶香、品滋味、辨叶底，整个过程动作要优美，加上清风、明月、竹床、名花、琪树、焚香、挂画等静雅的品茗环境，人们一定会乐在其中，享受美妙的品茶乐趣。

阅读欣赏

茶叶的鉴别

1．鉴别新茶与陈茶

俗话说，"饮茶要新，饮酒要陈。"大部分品种的茶，新茶总是要比陈茶品质好。因为，茶叶在存放过程中，受温度、湿度、光照及其他气味的影响，其内所含的酸类物质及维生素类物质，容易缓慢氧化或缩合，而使茶叶的有效成分含量增加或减少，茶叶的色、香、味、形将失去原有的品质特色。

（1）香气。新茶气味清香、浓郁；陈茶香气低浊，无味甚至有霉味。

（2）色泽。新茶看起来清澈，较有光泽，而陈茶均较晦暗。例如，绿茶新茶青翠嫩绿，陈茶则黄绿、枯灰；红茶新茶乌润，而陈茶灰褐。

（3）滋味。新茶滋味醇厚、鲜爽，陈茶滋味淡薄、滞沌。

2．鉴别真茶与假茶

假茶外形与茶树叶片相似，是用其他植物的嫩叶做成茶叶的样子来冒充茶叶，如柳树叶、冬青树叶等。一般要依靠感官来辨识真茶与假茶。

首先，可闻香。具有茶类固有清香的是真茶；如果有青腥气或其他异味的是假茶。

其次，可观色。真茶的干茶或茶汤颜色与茶名相符，如绿茶翠绿，汤色淡黄微绿；红茶乌黑，汤色红艳、明亮。而假茶则颜色杂乱、不协调，或与茶叶本色不一致。

最后，可看形。虽然茶树的叶片大小、厚度、色泽不尽相同，但茶叶具有某些独特的形态特征，是其他植物所没有的。

茶树叶片的形态特征：茶树叶片背部叶脉凸起，主脉明显，侧脉相连，成闭锁的网状系统；边缘锯齿为16～32对，上密下疏，近叶柄处无锯齿；茶树叶片在茎上的分布呈螺旋状互生；背部的绒毛基部短，多呈45°～90°弯曲。

3. 鉴别窨花茶与拌花茶

花茶是利用茶叶中的某些内含物质具有吸收异味的特点，使用茶原料和鲜花窨制而成的。只有经过一定程序的窨制，茶叶才能充分吸收花香，花茶的香气才能纯鲜、持久。而一些投机商只是在劣等茶叶中象征性地拌些干花，冒充花茶，通常称这类茶为拌花茶。

（1）窨花茶。真正的窨花茶制作完成后，要充分剔除已失去花香的干花。越是高级的花茶，越是不能留下干花。窨过的茶叶留有浓郁的花香，香气鲜纯，冲泡多次仍可闻到花香。

（2）拌花茶。拌花茶会有意夹杂干花做点缀，闻起来只有茶香，没有花香，冲泡后也只是第一泡有些低浊的香气。还有一些拌花茶会喷入化学香精，但这种香气有别于天然花香的清鲜，香气只能维持很短的时间。

二、茶叶的储存及保管

如果茶叶无法在短时间用完，那么，茶叶储存就显得尤为重要。

1. 茶叶为何会变质、变味、陈化

茶叶是疏松多孔的干燥物质，收藏不当，很容易变质、变味、陈化等。造成茶叶变质、变味、陈化的主要因素有温度、水分、氧气和光线。这些因素个别或互相作用而影响茶叶的品质。

（1）温度。温度越高，茶叶品质变化越快。温度平均每升高10℃，茶叶的色泽褐变速度将增加3～5倍，如果把茶叶储存在0℃以下的地方，较能抑制茶叶陈化和品质损失。

（2）水分。茶叶中的水分含量在3%左右时，茶叶成分与水分子呈单层分子关系，可以较有效地把脂质与空气中的氧分子隔离开来，阻止脂质的氧化变质。当茶叶中的水分含量超过5%时，水分就会转变成溶剂，引起激烈的化学变化，加速茶叶变质。

（3）氧气。茶中多酚类化合物的氧化、维生素C的氧化，以及茶黄素、茶红素的氧化聚合都和氧气有关，这些氧化作用会产生陈味物质，严重破坏茶叶的品质。

（4）光线。光照会加速茶叶中各种物质发生化学反应，对储存产生极为不利的影响。植物色素或脂质的氧化素易受光的照射而褪色。

2. 如何保存茶叶

1）储存条件

（1）应将茶叶存放在干燥、避光、通风好的阴凉处。

（2）存放茶叶的容器密封效果要好。

（3）原味茶与带香味的茶要分开存放。

（4）不能和有异味（化妆品、洗涤剂、樟脑精等）的物品存放一处，要远离操作间、卫生间等有异味的场所。

（5）茶叶要轻拿轻放，不要让茶叶受到挤压、撞击。

2）储存方式

（1）专用冰箱存放。冰箱一般存放绿茶和轻发酵、中发酵的乌龙茶。存放时绿茶可采取桶装法和锡纸袋密封装法；乌龙茶可采取真空法、锡纸袋密封装法或桶装法。

（2）坛装法。此法选用的器皿主要以紫砂和陶瓷制品为主。器皿一定要干燥、无异味、严密程度好。存放时，先将茶叶用宣纸包好，外部再用皮纸包好。在茶叶空隙部位放干燥剂。此法存放红茶、普洱茶效果最佳。

（3）桶装法。可选用纸、铁、陶、锡罐制品。桶一定要干燥、无异味，桶适合存放任何茶叶。

（4）真空包装法。此法适用于存放球形、半球形的乌龙茶。

（5）干燥的热水瓶存放。热水瓶避光、密封效果好，所以也是理想的储茶器皿。可将茶叶放入干燥的热水瓶中存放。

（6）装茶叶的时候尽量装满，不留空隙，这样可减少储存空间内的空气，利于保持茶叶的品质。

（7）原则上，茶叶买回来之后，最好尽快喝完，所以最好少量购买茶叶或以小包装存放，减少打开包装的次数，避免一再接触空气。

（8）茶叶放久了会有潮味，受潮后可以放在烤箱中稍微烤一烤，茶叶又会产生新的风味。

第三节　中国十大名茶

中国茶叶历史悠久，茶类品种繁多。中国名茶是茶叶中之珍品，在国际上享有很高的声誉。

一、西湖龙井（见图2-10）

（1）产区：龙井茶产在浙江杭州西湖群山之中，历史悠久，以狮峰山、虎跑村、梅家坞、龙井村、云栖等地的最为著名。

（2）形状：外形扁平光滑，形似"碗钉"。

（3）颜色：色泽翠绿。

（4）汤色：碧绿明亮。

（5）滋味：香馥如兰，滋味甘醇鲜美，有"色绿、香郁、味醇、形美"四绝佳茗之誉。

（6）采摘特点：一早，二嫩，三勤。以早为贵，清明前的茶品质最佳。

图2-10　西湖龙井

二、洞庭碧螺春（见图2-11）

（1）产区：产于江苏吴县太湖的东西洞庭山，是我国名茶的珍品，当地人称"吓煞人香"。

（2）形状：茶条索纤细，卷曲成螺，满身披毫。

（3）颜色：银绿、隐翠。

（4）汤色：碧绿清澈，叶底嫩绿、明亮，有一嫩（芽叶）三鲜（色、香、味）之称。

（5）滋味：茶吸花香，花窨果香。香气浓郁，滋味鲜醇甘厚。

（6）采摘特点：一早，二嫩，三拣得净。以春分至清明前采制的茶最为名贵。

图2-11　洞庭碧螺春

三、黄山毛峰（见图2-12）

（1）产区：安徽省黄山风景区一带为特级毛峰的主产地。

（2）形状：形似雀舌，匀齐壮实，峰显毫露。

（3）颜色：色如象牙，鱼叶金黄。

（4）汤色：清澈。

（5）滋味：清香高长，滋味鲜浓，醇厚甘甜。

（6）采摘特点：特级黄山毛峰为一芽一叶初展，宜清明前后采摘。

图2-12 黄山毛峰

四、信阳毛尖（见图2-13）

（1）产区：产于河南省南部大别山区的信阳县，主产分布在车云山、集云山、天云山、云雾山、震雷山、黑龙潭等群山之间。

（2）形状：毛尖外形细、圆、紧、直，多白毫。

（3）颜色：色泽清绿。

（4）汤色：绿色。

（5）滋味：味浓，香气浓厚。

（6）采摘特点：一般4月中下旬开采，以一芽一叶或一芽两叶初展为特级和一级毛尖。

图2-13 信阳毛尖

五、六安瓜片（见图2-14）

（1）产区：产于安徽省六安地区的金寨县，分内山和外山两个产地，以内山金寨产的茶为最优。

（2）形状：似瓜子皮的单面，自然平展，叶缘微翘，大小匀整，不含芽尖、茶梗。

（3）颜色：色泽宝绿。

（4）汤色：淡绿色。

（5）滋味：清香高爽、滋味甘甜。

（6）采摘特点：春茶于谷雨后开采，新梢已形成开面，采摘标准以对夹两三叶和一芽两三叶为主。采回鲜叶后及时扳片，将嫩叶未开面的同老叶已开面的分离出来，炒制瓜片。

图2-14　六安瓜片

六、太平猴魁（见图2-15）

（1）产区：以产于安徽省黄山地区太平湖畔的猴坑等地的鲜叶制的茶品质最佳。

（2）形状：两叶包芽，扁平匀直，自然舒展，白毫隐伏，有"猴魁两头尖，不散不翘不卷边"之称。

（3）颜色：叶色苍绿匀润，叶脉绿中隐红，俗称"红丝线"。

（4）汤色：清绿明净，叶底嫩绿匀亮。

（5）滋味：花香高爽，滋味甘醇。

（6）采摘特点：谷雨前后，当20%芽梢长得一芽三叶初展时，即可开采。

图2-15　太平猴魁

七、祁门红茶（见图2-16）

（1）产区：产于安徽省祁门县，是我国传统功夫红茶中的珍品，有百余年的生产历史。

（2）形状：外形紧秀，有锋苗。

（3）颜色：色泽乌黑，泛灰光，俗称"宝光"。

（4）汤色：红艳，叶底嫩软、红、亮。加奶后乳色粉红，其香味特点犹存，因而在国际市场上享有盛誉，被誉为"祁门香"。

（5）滋味：茶叶品质好，滋味醇厚，其内质香气独树一帜，浓郁高长，似蜜糖香，又蕴涵兰花香。

（6）采摘特点：春、夏、秋三季均可采摘，一般春茶的品质好于夏、秋茶。

图2-16　祁门红茶

八、安溪铁观音（见图2-17）

（1）产区：产于福建省安溪县，别名红心观音。原是茶树品种名，由于适合制成乌龙茶，其成品又称铁观音。

（2）形状：茶条卷曲、沉重似铁，呈青蒂绿腹蜻蜓头状。

（3）颜色：色泽鲜润，砂绿显，红点明，叶表带白霜。

（4）汤色：金黄，浓艳清澈，叶底肥厚明亮，有绸面光泽。

（5）滋味：醇厚甘鲜，入口回甘带蜜味，香气馥郁持久，俗称"铁观音韵"，有"七泡有余香"之誉。秋茶香气特高，俗称秋香，但汤味较薄。

（6）采摘特点：一年分四季采制，谷雨至立夏为春茶，秋分至寒露为秋茶。制茶品质以春茶为最好，秋茶次之，夏暑茶品质较次。

图2-17　安溪铁观音

九、凤凰水仙（见图2-18）

（1）产区：产于广东省潮安县凤凰山。由于选用原料和制作精细程度不同，按成品品质分为凤凰单丛、凤凰浪菜、凤凰水仙三个品级。

（2）形状：茶条肥壮。

（3）颜色：色泽黄褐，呈鳝鱼皮色，油润有光。

（4）汤色：橙黄清澈，沿碗壁显金黄色彩圈，叶底肥厚柔软，边缘朱红，叶腹黄亮。

（5）滋味：醇厚回甘，具天然花香，香味持久，耐泡。

（6）采摘特点：春季萌芽早，清明前、后开采到立夏为春茶，采摘标准为嫩梢形成驻芽后第一叶开展到开面时为宜。

图2-18　凤凰水仙

十、君山银针（见图2-19）

（1）产区：产于湖南省岳阳市洞庭湖中的君山岛上。

（2）形状：全芽茶，芽头肥壮、重实、挺直。

（3）颜色：芽身金黄、满披金毫。

（4）汤色：橙黄明净，叶底嫩黄匀亮。

（5）滋味：香气清鲜，滋味甜和鲜爽。

（6）采摘特点：采摘开始于清明前三天左右，直接从茶树上采摘芽头。芽蒂长约2毫米，肥硕重实。

图2-19　君山银针

武夷山母树大红袍茶叶

当年,中美关系和缓,美国总统尼克松访华,毛主席把武夷山母树大红袍茶叶作为珍贵礼物送给尼克松四两。尼克松有些不高兴,觉得毛泽东是一个东方大国的领导人,礼节上却做得那么小气。

在毛泽东身边的周恩来总理,察觉到尼克松的迷惑不解神情,马上迎上前解释道:总统先生,主席把"半壁江山"都送给您了!尼克松听了更加困惑不解:这是怎么回事?于是周恩来指着精美罐子中装着的武夷山母树大红袍茶叶,对尼克松总统说:总统先生,武夷大红袍是中国历代皇家贡品,一年只有八两,主席送您四两,正好是"半壁江山"呀!尼克松总统一听,觉得周恩来说得幽默、风趣,与毛泽东、周恩来会心地笑开了。

四两武夷山母树大红袍茶叶,被毛泽东当作国礼来赠送,拉近中美两国首脑的距离,成就了一段大国外交佳话。

武夷山母树大红袍茶叶(见图2-20)曾在2005年第7届"武夷山红袍"节上拍出20克20.8万元人民币的天价!

图2-20 武夷山母树大红袍茶叶

第四节 茶与健康

今天,越来越多的研究证明了茶叶的健康价值。茶,成为了和谐与温馨的象征。我国从古代神农发现茶叶开始,就显露出茶叶的药用功能,但认识还属于经验性质。到2016年以来,可以从茶的化学成分上,对茶叶的营养作用和药用作用进行准确的解释,在茶叶中含有300多种化学成分,这些成分对茶叶的香气、滋味、颜色及对人体的营养保健起着重要作用。

茶叶在当今三大饮料中,保健功能首屈一指,是咖啡、可可无法比拟的,更是众多令人眼花缭乱的现代人工合成饮料所不能相提并论的。

一、茶的营养成分

茶的鲜叶是由许多化学成分组成的极其复杂的有机体，其包含75%的水和25%的干物质，而后者又含有93%～96%的有机化合物，以及4%～7%的无机化合物。其中，有机化合物中的主要成分如下。

（1）多酚类化合物。多酚类化合物在茶叶发酵过程中是氧化酵素的基质，对茶汤水色及滋味的影响很大。它可以强化血管壁，促进胃肠消化，降低血脂，增强身体抵抗力。随着发酵程度的加深，茶叶中的多酚类化合物会逐渐减少。

（2）生物碱。生物碱包含咖啡碱、可可碱和茶碱，其中，咖啡碱是影响茶叶品质的主要因素，是强有力的中枢神经兴奋剂，能消除睡意，缓解肌肉疲劳，使感觉更敏锐，运动机能有所提高。

（3）糖类。糖类分为单糖（葡萄糖、果糖）和双糖（蔗糖、麦芽糖），有增加体温、增强免疫力和抗辐射的作用。

（4）蛋白质。脂肪含量少，可补充氨基酸，维持氮的平衡。

（5）维生素。维生素分水溶性维生素和脂溶性维生素，它们是机体维持正常代谢所必需的物质。其中，含量最高的维生素C有着防治坏血病和防止因血压升高而引起的动脉硬化的作用。

（6）氨基酸。氨基酸含量不高，但种类很多，其中茶氨酸含量最高，其次是人体所必需的赖氨酸、谷氨酸和蛋氨酸。氨基酸可振奋精神，适于辅助性治疗心脏性或支气管性狭心症、冠状动脉循环不足和心脏性水肿等病症。

（7）矿物质。茶中含有人体所必需的常量元素，如钾、钙、钠、镁，还含有对人体有着重要作用的微量元素，如铁、锌、铝等。

二、茶的功效

茶的功效有以下几点。

（1）有助于延缓衰老。茶多酚具有很强的抗氧化性，是人体自由基的清除剂。有阻止脂质过氧化反应、清除活性酶的作用，其抗衰老效果要比维生素E强18倍。

（2）有助于抑制心血管疾病。茶多酚对人体脂肪代谢有着重要的作用。人体的胆固醇、三酸甘油酯等含量高，血管内壁易产生脂肪沉积、血管平滑肌细胞增生后形成动脉粥样化斑块等心血管疾病，茶多酚可抑制这种斑状增长，使形成血凝黏度增强的纤维蛋白原降低，凝血变清，从而抑制动脉粥样硬化。

（3）有助于防癌和抗癌。茶多酚可以阻止亚硝酸铵等多种致癌物质在体内合成，并具有直接杀伤癌细胞和提高机体免疫能力的功效。

（4）有助于预防和治疗辐射伤害。茶多酚及其氧化产物，可吸收放射性物质，对肿瘤患者在放射治疗过程中引起的轻度反射病，及对因放射、辐射而引起的白细胞减少症有一定疗效。

（5）有助于抑制病菌。茶多酚有较强的收敛作用，对病原菌、病毒有明显的抑制和杀灭作用，对消炎、止泻有明显效果。

（6）有助于美容护肤。茶多酚是水溶性物质，用它洗脸能清除面部的油腻，收敛毛孔，具有消毒、灭菌、抗皮肤老化、减小日光中的紫外线辐射对皮肤的损伤等功效。

（7）有助于提神醒脑。茶多酚的咖啡碱能促使人体中枢神经兴奋，延长大脑皮层的兴奋过程，起到提神、益思、清心的效果。

（8）有助于利尿解乏。茶叶中的咖啡碱可刺激肾脏，促使尿液迅速排出体外，提高肾脏的滤出率，减少有害物质在肾脏中滞留的时间。咖啡碱还可排除尿液中的过量乳酸，帮助人体尽快消除疲劳。但饮茶过量或饮茶过浓，会过度刺激肾脏，体内水分过少，引起便秘。

茶叶除了以上功效外，还有醒酒解酒、生津止渴、养生益寿等功效。

三、茶性与体质

中国的茶叶根据发酵程度由低至高分为绿茶、黄茶、白茶、青茶、红茶、黑茶六大类。一般而言，绿茶和黄茶不发酵或微发酵，属于寒性的茶；白茶发酵程度较低，属于凉性的茶（白茶可以陈放，因此陈放的白茶，即老白茶的发酵程度较黄茶高）；青茶属于中性茶；而红茶、普洱茶属于温性茶。

根据中医的说法，人的体质有热、寒之别，因而体质不同的人饮茶也有讲究。一般来说，燥热体质者，应喝凉性茶，而肠胃虚寒，吃点生冷的东西就拉肚子或者体质较弱者，应喝中性茶或者温性茶。

1. 性寒的绿茶

绿茶（西湖龙井、安吉白茶、洞庭碧螺春、六安瓜片等茶）性寒，适合体质偏热、胃火旺、精力充沛的人饮用，且汤色透彻，或水清茶绿，或浅黄透绿，天热、心燥之时品饮，给人清凉爽心之感。绿茶有很好的防辐射效果，非常适合常在计算机前工作的人。

2. 性寒的黄茶

黄茶（君山银针、蒙顶黄芽、霍山黄芽等茶）性寒，功效也跟绿茶大致相似，不同的是口感，绿茶清爽，黄茶醇厚。

3. 性凉的白茶

白茶（白毫银针、白牡丹、寿眉等茶）性凉，适用人群和绿茶相似，但"绿茶的陈茶是草，白茶的陈茶是宝"，白茶有"一年茶、三年药、七年宝"的说法，陈放的白茶有去邪扶正的功效。

4. 性平的青茶

青茶即乌龙茶（大红袍、武夷水仙、凤凰单丛等茶）性平，适宜人群最广。有不少好的乌龙茶，特别是陈放佳的乌龙茶，会出现令人愉悦的果酸，中医认为酸入肝经，因此有疏肝理气之功，但脾胃有病症者不宜多饮。乌龙茶中的武夷岩茶，更是特点鲜明，味重，"令人释燥平矜，怡情悦性"。凤凰单丛茶香气突出，在通窍理气上尤为明显。

5. 性温的红茶

红茶（正山小种、金骏眉、祁门红茶、滇红等茶）性温，适合胃寒、手脚发凉、体弱、年龄偏大者饮用，加牛奶、蜂蜜口味更好。甜入脾经，补养气血，补充热能，对解除疲劳、调和脾胃有很好的作用。红茶汤色红艳明亮，情绪低沉之时最宜饮红茶。

6. 性温的黑茶

黑茶（云南普洱茶、安化黑茶、广西六堡茶等）性温，能去油腻、解肉毒、降血脂。适当存放后再喝，口感和疗效更佳。黑茶五行属水，入肾经。脸黑无光泽，喉咙肿痛，食欲减退，下痢，背脚冰冷，腰痛，精力衰退者，饮此茶为好。黑茶汤色黑红艳亮，凉饮热饮皆可，亦可煮饮。

九种体质与六大茶类匹配表如表2-1所示。

表2-1　九种体质与六大茶类匹配表

体 质	特 征 描 述	茶 类
平和型	正常体质，理想状态， 脸色红润，精力充沛	青茶（乌龙茶、铁观音）
气虚型	肌肉不健壮，人容易感觉疲劳， 声音低弱，易出虚汗，易感冒	青茶、红茶、白茶
阳虚型	手足不温，胃寒怕冷， 穿衣总比别人多，容易夜尿和拉肚子	青茶、红茶、黑茶
痰湿型	较肥胖，多汗，有啤酒肚，肢体困重， 皮肤油腻	绿茶、红茶、黑茶
血淤型	黑眼圈，女孩子痛经，年龄大的血液 黏稠，皮肤易出淤血斑点	红茶、黑茶、青茶
气郁型	体瘦，易闷闷不乐，紧张，缺乏安全感， 情绪低落，心慌，喉咙有异物感，易失眠	绿茶、青茶、红茶
阴虚型	皮肤干燥，手脚心发热，脸潮红， 眼睛干涩，口易渴，大便易干结	绿茶、白茶、黄茶
湿热型	脸、鼻油光发亮，易生粉刺和暗疮， 有口臭，小便短黄	绿茶、白茶、黑茶
特禀型	易起红团瘙痒、荨麻疹，易过敏， 皮肤一抓就红	绿茶、青茶、黑茶

阅读欣赏

无 我 的 茶

与朋友相约去爬山的时候，我总是比平常起得更早，以便准备到山间泡茶的用具。

朋友说："起得更早，是为了烧开水吧！"

我说："不是为了开水，而是为了开心，我很喜欢和你到山上喝茶。"

那种欢喜和开心，是为了"一生一会"的想法，在这个忙碌的社会，要和朋友在咖啡馆喝杯咖啡或在茶馆饮茶都是困难的，何况是在山林，对着沿山坡变化的枫树、松树、相思林，饮着最好的茶，真是人生难得。

在山林里饮茶当然不比在家里，有各种齐全的用具，所以，我通常准备一大壶开水放在保温瓶里，带着一只紫砂壶，几个小杯子，还有两三种茶叶，然后背到山顶去饮茶。

山林里饮茶更为自由，可以随意选择泡茶的地方，不管是坐在风景优美的树林或繁花盛开的花园，感觉那来自高山的茶与四周的林园融成一气，我们的心也就化成一股清气，四处飘散。

那种清朗之气的回归，使我们进入无我的境界，这使我想起有一个爱茶的朋友组成的茶会，他们常在各地风景好的地方饮茶，互相分享带来的茶叶，茶会的名称就叫"无我茶会"。这名字取得真好，如果山林与茶都是宇宙大河流中的一叶，当我们"入流亡所"，也进入那宇宙的大河流，忘记自己的执着，就会呈现"无我"的状态。

"无我"就会连忧悲苦恼一起流入大河，到最后，胸臆里只剩下山林与茶香，而整个山林，也充溢了友情。

宋朝以前的人饮茶，都是用大壶、大碗。寻找心灵自由的僧人为了四处云水参访，为了在林间品茗，发明了紫砂小壶，以便揣着小壶在人间游走，遇到志同道合的人就坐下来饮一泡茶；或独自行走时，在山边水湄，坐下来与树木和溪水共饮。这是紫砂壶的由来，因此，紫砂壶中有着浪漫的心，是为了自由、为了无我而创造出来的。

我们虽非僧侣，却也是为了云水的自由而游走于人间，如是思维，我们的疏也就拔就如云，我们的情感也就灵动如水了。

饮完茶，我们再度走向人间，带着春茶的清气，爱也清了，心也清了。

饮完茶，我们再度走入风尘，带着云水的轻松，步履也轻了，行囊也轻了。

（作者：林清玄）

【想一想】

茶叶除了有益于身体的健康，还有哪些功效？

四、参加茶艺活动的益处

茶在生理上有保健功效，茶艺还能带来精神上的享受。参加茶艺活动的益处有以下几点。

（1）茶可以使朋友保持融洽的关系。茶艺馆讲究雅致，气氛悠闲，富有文化气息，称得上是一个小型文化交流中心。在这里可以聊天、谈心，有助于朋友之间更好地相处。

（2）茶可以增进家人的感情。人们在外忙碌一天，晚上回到家，泡上一壶茶，聊聊天，既可以舒缓紧张的心情，又可以增进家人的感情。家里有茶饮就会有茶艺。因为有茶艺，一家人围坐在一起，因茶而达到彼此沟通，因茶而促进家庭的和谐。

（3）饮茶可以真正地享受生活。凡是到过茶艺馆的人都能或多或少感受到宁静、安逸。在这里，人们可以悠闲地阅览，静静地思考，还可以下棋、听音乐……在紧张、忙碌的现代社会中，茶艺馆是难得的好去处。

饮茶可以丰富人的精神生活，让人从了解茶具开始，关注室内的摆设布置及茶艺师，从而进入艺术的殿堂，得到精神和感官上的全面满足。饮茶能使一个人的心性、修养、气质得到提升。

阅读欣赏

茶 之 舞 蹈

一片片茶叶，在水中翩跹起舞，如同一个个灵魂在水中游走。欣赏着茶的舞姿，倾听着怀旧的音乐，过去的时光仿佛又回到了眼前。

我相信茶是有生命的。很多时候，我被茶清新和优美从容的舞姿陶醉，想象她如同一位秀美的女子长袖飘飘，气若幽兰。在物欲横流的今天，有时候茶是非常寂寞的，寂寞地等待一个人的欣赏。

在南方碧绿的茶山之上，茶在快乐地生长，每日与阳光和空气自由对话，与风、雨、雷、电玩起游戏，看着夕阳与朝霞捉迷藏。在一棵不知名的茶树上生长，看青山与绿水，取天地之精华，这是茶的生命中令人神往、为之抚掌的极致之美。

在生命最为华美的时候，茶离开了生命之树，经历了诸多磨难之后，茶没有了昔日娇嫩清纯的模样。然而，当她来到一个精致的玻璃杯中，与自然之水相遇，一个新的她又诞生了。与清水的融合，与清水的共舞，让她散发出淡雅的气息，那是一种梦想与现实结合的境界。茶经历了春夏秋冬，吸吮了天地精华，不就是为了这一瞬间的美吗？

那是一种怎样的美？

那是一种为了瞬间的精彩而释放全部生命的悲壮之美，那又是为了瞬间与水的自由舞蹈而生发的相知之美，那是为了将一生凝聚的精华尽情展露的大气之美。

一片片绿叶的舞蹈，在水中幻化着茶山的宁静和淡泊，幻化着生命的沉重和轻盈。如果你思考，如果你欣赏，如果你品味，茶之舞蹈也许就是一个人的舞蹈，一个人在清水中尽情旋转身姿与你自由地对话。

（作者：吴铭）

【想一想】

通过学习和阅读，在品茶之时，你能体会到什么样的茶之美？

 复习思考题

一、连线归类

碧螺春   绿茶
滇红
黄山毛峰   红茶
玫瑰红茶
铁观音茶   白茶
太平猴魁
武夷岩茶   黄茶
君山银针
普洱茶   乌龙茶
茉莉花茶
沱茶   黑茶
寿眉
湖北老边茶   花茶
宁红
竹筒茶   紧压茶

二、判断题

1. 从同一棵茶树上采下来的茶叶可以做绿茶，也可以做红茶。（　　）

2. 君山银针属于黄茶，而不属于白茶。（　　）

3. 英文中的"Black Tea"指的就是黑茶。（　　）

4. 各种茶叶都有高级品和劣等品，劣等茶就是已经坏了的茶。（　　）

5. 品茶时饮得越多越好。（　　）

6. 越是高级的花茶，越是不能留下干花。（　　）

7. 春天适合饮花茶，夏夏适合饮绿茶，秋天适合饮乌龙茶，冬天适合饮红茶。（　　）

8. 饮茶有很多生理功效，所以要多饮茶、饮浓茶。（　　）

9. 干茶如果有点回软，最好不要购买。（　　）

10. 存放茶叶的柜子里可以适当放一些樟脑丸，用以防潮。（　　）

三、选择题

1. 茶叶可分为绿茶、红茶、乌龙茶、白茶、花茶和（   ）。
    A．黄茶、黑茶、水果茶   B．黄茶、黑茶、紧压茶
    C．黑茶、水果茶、减肥茶   D．黑茶、奶茶、水果茶

2. 青茶属于（   ），俗称乌龙茶。
    A．完全发酵茶   B．不发酵茶
    C．半发酵茶   D．后发酵茶

3. 红茶因其颜色是深红色，泡出来的茶汤又呈（   ），所以叫"红茶"。
    A．朱红色   B．粉红色   C．咖啡色   D．黑色

4. 有"中国十大名茶之首"之称的是（   ）。
    A．西湖龙井   B．洞庭碧螺春
    C．安溪铁观音   D．信阳毛尖

5. 辨别茶叶的好与坏，一般从（   ）入手。
    A．赏干茶、观茶汤、品茶味、闻茶香和辨叶底
    B．闻茶香、赏干茶、观茶汤、品茶味和辨叶底
    C．赏干茶、闻茶香、观茶汤、品茶味和辨叶底
    D．赏干茶、品茶味、闻茶香、观茶汤和辨叶底

6. 最适合闻茶香的叶底温度为（   ）。
    A．15～25℃   B．45～55℃
    C．85～95℃   D．25～55℃

7. 储存茶叶时，温度最好控制在（   ）以下，能抑制茶叶陈化和品质损失。
    A．10℃   B．0℃   C．30℃   D．-10℃

8. 茶叶中的（   ）是影响茶叶品质的主要因素，是强有力的中枢神经兴奋剂，能消除睡意，缓解肌肉疲劳，使感觉更敏锐，运动机能有所提高。
    A．茶多酚   B．茶碱   C．可可碱   D．咖啡碱

9. 有防辐射效果，适合常在计算机前工作的人饮用的茶是（   ）。
    A．绿茶   B．红茶
    C．青茶   D．黑茶

10. 老年人因脾胃功能趋于衰退，故宜饮淡茶，选择茶叶应以（   ）为宜。
    A．红茶和绿茶   B．绿茶和乌龙茶
    C．红茶和花茶   D．绿茶和花茶

四、简答题

1. 简述绿茶的主要特征，你了解的著名的绿茶有哪些？各有什么特征？

2. 如何鉴赏干茶？

3. 怎样保存茶叶最方便？请列举几条建议。

4. 茶叶中的多酚类化合物有哪些生理功效？

5. 茶叶除了具有生理上的保健功效，还给我们带来了哪些精神上的享受？

第三章 茶水与茶具

教学目标

1. 了解泡茶用水的基础知识。
2. 掌握泡茶用水的选择方法。
3. 掌握现代茶艺所需茶具的种类及用途。
4. 理解茶水与茶具在茶艺中的重要地位。

第一节　泡茶用水的分类和名泉

人称"器为茶之父，水为茶之母"。说明了茶之饮用，器与水极其重要。因为茶的内质优劣，通过冲泡后，以眼看、鼻闻、口尝、手摸去感受和判别，而不同的水质、水温和水量又会孕育出不同的茶汤品质。张源在《茶录》中写道："茶者水之神，水者茶之体，非真水莫显其神，非精茶莫窥其体。"许次纾在《茶疏》中写道："精茗蕴香，借水而发，无水不可与论茶也。"可见水的好坏直接影响茶汤的品质。

一、古人择水观

古人选水，十分重视水源，强调用活水。天水、泉水是煮茶首选。

天落水，包括雨、雪、露、霜，被认为是灵水，当是煮茶首选。例如，《红楼梦》四十一回中，妙玉煮茶用"旧年蠲的雨水"、"五年前收的梅花雪水，收在鬼脸青花瓮里，埋在地下"。林黛玉尝不出来，被讥为"大俗人"。

什么样的水才是宜茶之水呢？古代的茶人也有一系列标准，这些标准归纳起来即清、轻、甘、活、寒冽。

其一水质要清。即水质清洁、无色、透明、无沉淀物才能显出茶的本色，称为"宜茶之水"。

其二水体要轻。现代科学证明，相对密度较小的水中所溶解的钙、镁、钠、铁等矿物质较少。矿物质溶解得越多，特别是镁、铁等离子越多，泡出的茶汤越苦涩，所以水轻为佳。

其三水味要甘。所谓水甘，即水一入口，舌尖顷刻便会有甜滋滋的美妙感觉，用这样的水泡茶自然会增茶味。

其四水源要活。现代科学证明，在活水中细菌不易大量繁殖，同时活水中氧气和二氧化碳等气体的含量较高，泡出的茶汤滋味鲜爽。

其五水温要寒冽。因为寒冽之水多出于地层深处的矿脉之中，所受污染少，泡出的茶汤滋味纯正。

二、现代择水观

综观前述，古人对泡茶用水十分讲究，但即使在当时，一般人也无法都以"天下第一泉"之水或积雪水来泡茶。对于现代人来说，虽已有不少优质矿泉水被开发、利用，但因受资源的限制，仍不可能成为饮用水的主体。因此，现代择水，只能就地取材，从当地的水资源中选取好水，其基本要求是必须符合饮用水标准。

1. 饮用水标准

饮用水的基本条件是无异色、异味、异臭，无肉眼可见物，浑浊度不超过5度，pH值在6.5 ～ 8.5，总硬度不高于25度，毒理学细菌指标等均符合标准。

2. 泡茶用水预处理

1）城市自来水

自来水厂供应的自来水均已达到生活用水的国家标准，由于标准中有一条，即游离余氯与水接触30分钟后应不低于0.3毫克/升，因此，自来水普遍有漂白粉的氯气气味，直接泡茶，使香味逊色。可采用以下方法去除水中的氯气。

（1）水缸养水。将自来水放入陶瓷缸内，放置一昼夜，让氯气挥发殆尽，再煮水泡茶。

（2）自来水龙头出口处接上离子交换净水器，使自来水通过树脂层，将氯气及钙、镁等矿物质离子除去，成为离子水，然后用于泡茶。

2）天然矿泉水

各地散有各种矿泉水水源，只要无污染的活水，均可用之。用罐、桶盛接泉水，先置容器中一昼夜，让水中悬浮的固体物沉淀，上部清水就可用于泡茶，如用活性炭芯的净水器过滤则更好。若有条件，也可用离子交换净水器，除去水中钙、镁离子，使硬水变为软水。

3）市售矿泉水、蒸馏水

市售矿泉水、蒸馏水因在制造时已经处理，可直接煮水泡茶。

三、煮水

有了好水必加以烹煮方能冲泡。煮水貌似简单，实为极讲究之事。古代饮茶用的是饼茶和团茶，虽用煮饮方法，但煮茶也得先煮水，故对火候、汤辨均留下不少脍炙人口的传说，不再一一列举。到了明代，炒青散茶的出现，煮茶渐渐被点茶（冲泡）所代替，在明代屠隆撰的《茶说》中就有"杭俗烹茶，用细茗置茶瓯，以沸汤点之，名为撮泡"的记载。要煮好泡茶用水，须在煮水过程中不染上异味，并掌握火候，分辨水沸程度。

1. 煮水燃料及容器

煮水燃料有柴、煤、炭、煤气、酒精等多种，这些燃料燃烧时均有气味产生，为使煮好的水不带有异味，应注意以下几点。

（1）煮水的场所应通风透气，不使异味聚积。

（2）柴、煤等燃料用灶，均应装置烟囱，使烟气及时排出，用普通煤炉，屋内应装排气扇。

（3）不用沾染油腻或带腥味的燃料。

（4）应使柴、煤、炭燃着产生火焰后，再加水烧煮。

（5）水壶盖应密封。在条件允许的情况下，品茗用水最好以煤气、酒精等为燃料或以电为热源，既清洁卫生，又简单方便，满足急火快煮的要求。

烧水容器古代用镬，现在边远山区农村仍在沿用，但必须用专用的或洗刷干净的饭镬，否则会使水沾染油腻，影响茶味。现在一般都用烧水壶，即古书上称为"铫"或"茶瓶"者。论其质量以瓦壶为最佳。品用潮州功夫茶的"四宝"茶具之一——玉书煨，即为烧水陶壶，小巧玲珑，烧一壶水正好冲一道茶，故每次均可准确掌握水沸程度，保证最佳泡茶质量。中国香港、台湾地区茶艺馆林立，且又多以品乌龙茶为主，为增添品茶情趣，煮水用小型石英壶，其壁透明如玻璃，易形辨煮水程度，却不易碎，可耐高温，下配酒精炉或电炉，让茶客自煮自泡，其乐无穷。有的地方仍沿用铜壶，如四川成都的茶馆等。多数场合，煮水用金属铝壶或不锈钢壶。

2. 煮水程度

煮水"老"、"嫩"都会影响到开水的质量，故应严格掌握煮水程度。自古以来，在煮水程度的掌握上积累了不少经验，至今仍可参考沿用。最早，辨别煮水程度的方法是形辨，正如唐陆羽《茶经·五之煮》中指出："其沸，如鱼目，微有声，为一沸；缘边如涌泉连珠，为二沸；腾波鼓浪，为三沸。已上水老不可食也。"以后，又发展到形辨和声辨。明许次纾在《茶疏》中写道："水，入铫，便须急煮，候有松声，即去盖，以消息其老嫩，蟹眼之后，水有微涛，是为当时，大涛鼎沸，旋至无声，是为适时，过则汤老而香散，绝不堪用。"最全面的辨别方法要属明张源《茶录》中介绍的，原文为："汤有三大辨十五小辨。一曰形辨，二曰声辨，三曰气辨。形为内辨，声为外辨，气为捷辨。如虾眼、蟹眼、鱼眼、连珠皆为萌汤，直至涌沸如腾波鼓浪，水气全消，方是纯熟。如初声、转声、振声、骤声，皆为萌汤，直至无声，方是纯熟。如气一缕、二缕、三四缕，及缕乱不分，氤氲乱绕，皆为萌汤，直至所直冲贯，方是纯熟。"从以上经验可知，水要急火猛烧，待水煮到纯熟即可，切勿文火慢煮，久沸再用。

为什么开水过"嫩"和过"老"均不佳呢？这与煮水过程中矿物质离子的变化有关。前已介绍，现今生活饮用水大多为暂时硬水，水中的钙、镁离子在煮沸过程中会沉淀，煮水过"嫩"，尚未达到此目的，钙、镁离子在水中会影响茶汤滋味。再者，煮沸也是杀菌、消毒的过程，可确保饮水卫生。久沸的水，碳酸盐分解时溶解在水中的二氧化碳气体散失殆尽，会减弱茶汤的鲜爽度。另外，水中含有微量的硝酸盐在高温下会被还原成亚硝酸盐，水经长时间煮沸，水分不断蒸发，亚硝酸盐浓度不断提高，不利于人体健康，故隔夜开水不宜次日复烧饮用。若举行大型茶会，开水一时来不及供应，须提前煮水。为了保持温度，可先等水煮纯熟就灌入保温瓶，用时稍煮即可饮用。

四、泡茶水温的选择

泡茶时的水温根据不同目的而有所差异。

（1）茶叶审评时宜用100℃沸水泡茶，此温度条件下茶叶中主要滋味及营养物质的浸出率最大，甚至是低温水泡茶时的两倍，芳香物质挥发性好，便于迅速辨别茶叶内在品质。

（2）在日常饮用时，一般不需要一次冲泡即令茶叶溶出全部内含物质，而是讲究细品，通过冲泡技艺充分体现出茶性、茶味，故水温不必如此之高。

（3）冲泡高档绿茶时，水温宜略低（沸水稍冷却至80℃），以免引起头泡苦涩、二、三泡无味，汤色、叶底烫黄。

（4）冲泡花茶及红茶，可将沸水稍冷却至90～95℃。

（5）乌龙茶要现沸现泡。

（6）各类砖茶，必须煮饮才得其真味，无法冲饮。

啜饮时，宜将刚泡好的茶汤小置片刻，待温度略降时再饮。因为人体口腔及胃黏膜耐温极限为50～60℃，温度过高会引起烫伤、溃疡甚至诱发癌变。

五、天下名泉

泉水叮咚，清澈宜茶。古人有不少茶诗都吟咏了泉水，如唐代皮日休在《茶社》中写道："棚上汲红泉，炉前蒸紫蕨"，黄庭坚在《谢人惠茶》中写道："莫笑持归淮海去，为君重试大明泉"，这些都是清新佳绝的咏泉诗作。我国著名的泉水数目众多，犹如天上繁星，难以数清，在此只简单介绍茶人口中推荐的名泉。

（1）茶圣口中第一泉。位于江西庐山康王谷的谷帘泉，此泉经茶圣陆羽品定为"天下第一水"后名气传播四海。

（2）乾隆御赐第一泉。位于北京玉泉山南麓的玉泉，其"水清而碧，澄洁似玉，"故得名玉泉。玉泉被宫廷选为饮用水源，主要有两大原因：一是玉泉水洁如玉；二是含盐量低，水温适中，水味甘美，又距皇城不远。清朝乾隆皇帝曾命人分别从全国各地汲取名泉水样与它进行比较，称水检测，结果，北京玉泉水名列第一，比国内其他名泉的水都轻，证明泉水所含杂质最少，水质最优。

（3）天下第二泉。位于江苏无锡惠山的惠山泉，相传唐代陆羽评定了天下水品二十等，惠山泉被列为天下第二泉。随后诸多茶人纷至沓来，都推其为天下第二泉。

（4）天下第三泉。素以天下第三泉著称的虎跑泉位于杭州西湖西南隅大慈山白鹤峰麓，在距市中心约5千米的虎跑路上。

（5）杭州龙井泉。清朝乾隆皇帝品尝了用龙井泉的水冲泡的龙井茶，认为"啜之淡然似乎无味，饮过后觉得有一种太和之气，弥漫乎齿颊之间"，"无味之味，乃是至味"，其精妙之论使龙井泉与龙井茶并称，并名扬天下。

（6）青岛崂山矿泉水。崂山水为冷矿泉水，自古有"神水"、"仙饮"之称。矿泉水中所含矿物质被人体吸收后，可以起到调节内分泌、舒张末梢血管等功效，所以崂山矿泉水是大自然赐予人们的天然优质饮料。

（7）济南四大泉群。济南历来有泉城之称，现今泉城有108处泉水，按分布的地区和汇流情况分为四大泉群，即趵突泉群、珍珠泉群、黑虎泉群和五龙泉群。

（8）宜昌陆游泉。陆游泉距湖北省宜昌市约10千米，在西陵峡西陵山腰，有石小径可到达。泉水自岩壁石罅中流出，汇入长、宽各为1.5米、深约为1米的正方形泉坑中。泉水清澈如镜，夏不枯竭，冬不结冰，取而复满，常盈不溢，水质味甘凉爽，饮者无不称赞，故旧称"神水"。

（9）宜昌黄牛泉和蛤蟆泉。陆羽在《茶经》中写道："黄牛（泉）、蛤蟆碚（泉）水第四。"这黄牛泉和蛤蟆泉是长江西陵峡中的两处名泉，都在湖北省境内。现代经过地质勘察，证实陆羽的考证是正确的，现已查明两泉同出一源，两者地质构造相同，可以同享天下第四泉之称誉。

（10）武汉伏虎山卓刀泉。井泉深约为10米，水质纯净，冬温夏凉，用此泉水来烹煮武汉磨山新茶，口味甘醇，清香满口。据说，长饮此井泉水，还能除病健身，延年益寿。

名泉清流以其汩汩溢吐、涓涓流淌的形态、风采、声响、秀色吸引着人们去寻觅、鉴赏和品用，在茶文化的温馨世界中，更是佳茗的永恒伴侣，茶人的生命之水。

阅读欣赏

凡 人 茶 道

作为普通人在日常生活中并不可能按照茶道的方式来饮茶。日常饮茶要注意的以下几个方面称为"凡人茶道"。

1. 水与茶的比例

浓淡合适才能品赏到茶的色和香。同时，浓淡适当对于茶叶中物质的浸出是有影响的，这不但关系到茶水的色、香，也关系到茶水对人体健康的影响。浓淡可以科学测定，但是平时没人注意这一指标，还是要靠自己把握，一般是宜淡不宜浓。大致上说，一般红茶、绿茶，茶与水的质量比为1：80。常用的白瓷杯，每杯可放茶叶3克；一般玻璃杯，每杯可放茶叶2克。

2. 泡茶的水温

泡茶的水温应视不同类茶的级别而定。一般说来，红茶、绿茶、乌龙茶用沸水冲泡比较好，可以使茶叶中的有效成分迅速浸出。某些嫩度很高的绿茶，如龙井

茶，应将沸水冷却至80～85℃冲泡，使茶水翠绿明亮、香气纯正、滋味甘醇。

3．浸泡的时间长短

浸泡时间一般为3～10分钟。泡久了茶的口味不佳，还容易把茶中对人体不利的物质泡出来。水温高、茶叶嫩、茶量多，则冲泡时间可短些；反之，时间应长些。一般冲泡后加盖3分钟，茶中内含物浸出率可达80%，香气发挥正常，此时饮茶最好。

4．冲泡次数

一般冲泡3～4次即可。俗话说："头道水，二道茶，三道、四道赶快爬。"意思是说头道冲泡出来的茶水不好，第二道正好，喝到三道、四道水就可以了，该走了。有人笑曰："中国人讲中庸，连喝茶亦然，所以喜欢中间的第二道。"饮茶时，一般杯中茶水剩1/3时，就应该冲入开水，这样能维持茶水的适当浓度。

5．注意饮茶的适时、适量及一些"小道道"

例如，隔夜茶不要饮，不要用茶服药，不要空腹饮茶，睡前不宜饮茶，新茶不宜饮得太急等。

第二节　茶具分类及产地

茶具与闽潮功夫茶

闽南的云霄、漳州、东山、厦门与广东的潮州、汕头等地流行功夫茶，这是一种极为讲究的饮茶方式。

喝功夫茶配有一套古色古香的茶具，人称"烹茶四宝"。一是玉书碨，即一只赭褐色扁形的烧水壶，容水仅四两左右；二是汕头风炉，用以烧开水，小巧玲珑，可以通风调节；三是孟臣罐，一种宜兴紫砂制成的茶壶，大小像鹅蛋，容水仅一两多；四是若琛瓯，一种小得出奇的茶杯，只有半个乒乓球大小，仅能容四毫升茶汤，通常四只一套，放在一只椭圆形的茶盘中。除陶制品外，壶、杯、盂也有瓷器的，一色青釉，白底蓝花，亦饶有风味。小磁杯底下，还有"若深珍藏"四个字。

"四宝"齐备，即可品茶。功夫茶的冲泡也是别具一格的。先取清洁的泉水，洗涤茶具，放入茶盘。等到茶碨水开，将孟臣罐、若琛瓯一一烫过。继而在罐中放入半壶以上的茶叶，冲入滚沸的开水至壶口。讲究一点的，还将头道水立即倒掉，用以烫茶盅。水冲满至罐口，用罐盖拨去表层白沫，当即加盖，以保全香气。将四个小茶盅排成方形，杯口相接，略等片刻（不到一分钟），便提壶转圈注入四个小茶盅中，以保证每只茶盅的茶汤浓度一致。这种转着淋的方法俗称"关公巡城"。

淋到最后一点精华时，还要平均地往四个小茶盅里逐滴滴入，又称"韩信点兵"。

茶虽入盅，但千万别急于捧杯喝茶，按功夫茶的规矩，应先举杯置于鼻端，闻一下扑鼻的清香，接着呷茶入口，茶汤在口中回旋，辨其回味，顿觉口鼻生香，润喉生津，周身舒坦。这样，边饮边冲，可以连饮三五杯，最多喝到第五道，便将茶根倒掉，换上新茶叶，如此，周而复始。

饮功夫茶，茶具众多，看似烦琐，实则是一种茶具艺术享受。功夫茶所用茶叶，以乌龙类为宜。由于茶汤浓烈，绿茶伤胃，红茶性热易燥胃，只有半发酵的乌龙茶，性暖且耐泡，适合功夫茶。饮功夫茶，重在品鉴，赏茶具、品茶叶，堪称饮茶艺术。

一、茶具的分类

茶具的出现与发展与茶文化的发展密不可分。中国茶具，经历了漫长的发展道路，种类繁多，形式多样，质地各异。就其质地而言，可分为以下几类。

1. 陶土茶具

陶土茶具是指宜兴制作的紫砂陶茶具。宜兴的陶土，黏力强而抗烧。用紫砂茶具泡茶，既不夺茶真香，又无熟汤气，能较长时间地保持茶叶的色、香、味。

宜兴紫砂壶始于北宋，兴盛于明、清。它的造型古朴，色泽典雅，光洁无瑕，精美之作贵如鼎彝，有"土与黄金争价"之说。

明代紫砂壶大师时大彬制作的小壶，典雅精巧，作为点缀于案几的艺术品，更增添品茗的雅趣。他制作的调砂提梁大壶呈紫黑色，杂硇砂土，泛出星星白点，宛如夜空中的点点繁星，壶身上小下大，重心稳定，是一种古朴雄浑的精品。紫砂壶是陶瓷家族中的骄子，它表里不施釉。据传苏东坡设计的一件树提壶，取以自然的古青树枝作为壶的把手，配以赭色瓜形壶身，刻上古朴的瓦当和精妙的书法，清雅古朴，色彩对比也相得益彰，被历代文人雅士视为珍品。

紫砂壶的造型有几何型、自然型、筋纹型三种。艺人们以刀作笔，所创作的书、画和印融为一体，构成一种古朴清雅的风格。

改革开放后，紫砂壶艺术家有了用武之地。目前，不论是紫砂壶的造型还是质感，都达到了相当高的水平，被国际友人赞誉为"世间茶具称为首"。大师顾景洲的"提璧壶"和"汉云壶"被列为国际交往的礼品。此外，我国还专门为日本消费者设计了一种艺术茶具——横把壶，按照日本人的爱好，在壶面上雕刻以佛经为内容的精美书法，成为日本消费者的品茗佳具。目前，紫砂茶具品种已由原来的四五十种增加到六百多种。例如，紫砂双层保温杯，就是深受群众欢迎的新产品。由于紫砂泥质地细腻柔韧，可塑性强，渗透性好，所以用它烧成的茶具泡茶，色、香、味皆佳，夏天不易变馊，冬季放在炉上煮茶不易炸裂。

茶具式样繁多，如何评价一套茶具的优劣？从总体上说，首先应考虑它的实用价值，其次才是它的欣赏价值，即外观的形态美。以壶为例，具体要求应注意把握以下几点：容积和质量比例恰当，壶把提用方便，壶盖周围合缝，壶嘴出水流畅，造型、色地和图案脱俗和谐，实用性和艺术美得到融洽的结合，才算是完美的茶具。而宜兴的紫砂茶具就具备了这些特点。

2. 瓷器茶具

我国的瓷器茶具产生于陶器之后，按产品又分为白瓷茶具、青瓷茶具和黑瓷茶具等几个类别。

1）白瓷茶具

白瓷茶具以色白如玉而得名。其产地甚多，有江西景德镇、湖南醴陵、四川大邑、河北唐山、安徽祁门等。其中以江西景德镇的产品最为著名。白瓷早在唐代就有"假玉器"之称。

北宋时，景德窑生产的瓷器，质薄光润，白里泛青，雅致悦目，并有影青刻花、印花和褐色点彩装饰。到元代发展了青花瓷茶具，幽靓典雅，不仅受到国人的珍爱，而且远销海外。目前，市面上流行的景德镇白瓷青花茶具，在继承传统工艺的基础上，又开发、创制出许多新品种，无论是茶壶还是茶杯、茶盘，从造型到图饰，都体现出浓郁的民族风格和现代东方气派。景瓷是当今最为普及的茶具之一。

2）青瓷茶具

青瓷茶具主要产于浙江、四川等地。浙江龙泉青瓷，以造型古朴雄健、釉色翠青如玉著称于世，是瓷器百花园中的一支奇葩，被誉为"瓷器之花"。龙泉青瓷产于浙江西南部龙泉县境内，是我国历史上瓷器重要产地之一。南宋时，龙泉已成为全国最大的窑业中心。其优良产品不但在民间广为流传，也是当时皇朝对外贸易交换的主要物品。特别是艺人章生一、章生二兄弟俩的"哥窑"、"弟窑"产品，无论釉色还是造型，都达到了极高的造诣。因此，哥窑被列为"五大名窑"之一，弟窑被誉为"名窑之巨擘"。

哥窑瓷，以"胎薄质坚，釉层饱满，色泽静穆"著称，有粉青、翠青、灰青、蟹壳青等，其中以粉青最为名贵。釉面显现纹片，纹片形状多样，纹片大小相间的称为"文武片"，有细眼似的称为"鱼子纹"，类似冰裂状的称为"北极碎"，还有"蟹爪纹"、"鳝血纹"、"牛毛纹"等。这些别具风格的纹样图饰，是由于釉原料的收缩系数不同而产生的，给人以"碎纹"之美感。

弟窑瓷，以"造型优美，胎骨厚实，釉色青翠，光润纯洁"著称，有梅子青、粉青、豆青、蟹壳青等，其中以粉青、梅子青为最佳。滋润的粉青酷似美玉，晶莹的梅子青宛如翡翠。其釉色之美，至今世上无双。

3）黑瓷茶具

黑瓷茶具产于浙江、四川、福建等地。宋代斗茶之风盛行，斗茶者们根据经验，认为黑瓷茶盏用来斗茶最为适宜，因而驰名。据北宋蔡襄《茶录》记载："茶色白（茶汤色），宜黑盏，建安（今福建）所造者黑，纹如兔毫，其坯微厚，熁之久热难冷，最为要用。出他处者，或薄或色紫，皆不及也。其青白盏，斗试家自不用。"四川的广元窑烧制的黑瓷茶盏，其造型、瓷质、釉色和兔毫纹与建瓷也不相上下。浙江余姚、德清一带也生产过漆黑光亮、美观实用的黑釉瓷茶具，其中最流行的是一种鸡头壶，即茶壶的嘴呈鸡头状，日本东京国立博物馆至今还珍藏着一件"天鸡壶"，视作珍宝。在古代，由于黑瓷兔毫茶盏古朴雅致，风格独特，而且磁质厚重，保温性较好，因此常为斗茶行家所珍爱。

3. 漆器茶具

漆器茶具较著名的有北京雕漆茶具，福州脱胎茶具，江西波阳、宜春等地生产的脱胎漆器等，均别具艺术魅力。其中尤以福州漆器茶具为最佳，形状多姿多彩，有"宝砂闪光"、"金丝玛瑙"、"釉变金丝"、"仿古瓷"、"雕填"、"高雕"和"嵌白银"等多个品种，特别是在创造了红如宝石的"赤金砂"和"暗花"等新工艺后，更加绚丽夺目，惹人喜爱。

4. 玻璃茶具

玻璃茶具素以它的质地透明、光泽夺目、外形可塑性大、形态各异、品茶饮酒兼用而受人青睐。用玻璃茶杯（或玻璃茶壶）泡茶，尤其是冲泡各类名优茶，茶汤的色泽鲜艳，叶芽朵朵在冲泡过程中上下浮动，叶片逐渐舒展、亭亭玉立，一目了然，可以说是一种动态的艺术欣赏，别有风趣。玻璃茶具物美价廉，最受消费者的欢迎。其缺点是玻璃易碎，比陶瓷烫手。不过也有一种经特殊加工称为钢化玻璃的制品，其牢固度较好，通常在火车上和餐饮业中使用。

5. 金属茶具

金属茶具是用金、银、铜、锡制作的茶具，古已有之。尤其是用锡做的储茶的茶器，具有优良的性能。锡罐储茶器多制成小口长颈，盖为圆筒状，比较密封，因此其防潮、防氧化、避光、防异味性能都很好。金属作为饮茶用具，一般评价都不高，在唐代宫廷中曾采用。1987年5月，我国陕西省扶风县皇家佛教寺院法门寺的地宫中，发掘出大批唐代宫廷文物，其中有一套晚唐僖宗皇帝李儇少年时使用的银质鎏金烹茶用具，计11种12件。这是迄今见到的最高级的古茶具实物，堪称国宝，它表明唐代皇室饮茶器具十分豪华。到了现代，随着科学技术的进步，金属茶具基本上已销声匿迹。

6. 竹木茶具

在历史上，广大农村，包括茶区，很多人使用竹或木碗泡茶，它物美价廉、经济实惠，但现代已很少采用了。在我国的南方，如海南等地有用椰壳制作的壶、碗用来泡茶的，经济实用，又是艺术欣赏品。用木罐、竹罐装茶，则仍然随处可见，特别是福建省武夷山等地的乌龙茶木盒，在盒上绘以山水图案，制作精良，别具一格。作为艺术品的黄阳木罐、二簧竹片茶罐，也是一种赠送亲友的珍品，并具实用价值。

7. 搪瓷茶具

由于搪瓷茶具经久耐用，携带方便，实用性强，在20世纪五六十年代我国各地较为流行，以后又为其他茶具所替代。

另外，用玉石、水晶、玛瑙为材料制作的茶具，历史上曾有过，因器材制作困难，价格昂贵，主要是作为摆设，以显示主人的富有，因此并不多见。

茶具材料多种多样，造型千姿百态，纹饰丰富多彩。茶具的选用，要根据各地的饮茶风俗习惯和饮茶者对茶具的审美情趣，以及品饮的茶类和环境而定。例如，东北、华北一带，多数用较大的瓷壶泡茶，然后斟入瓷碗饮用。江苏、浙江一带除用紫砂壶外，一般习惯用有盖的瓷杯直接泡饮。在城市也有用玻璃杯直接泡茶的。四川一带则喜用瓷制的"盖碗杯"饮茶，即口大底小的有盖小花碗，下有一小茶托。茶与茶具的关系甚为密切，好茶必须用好茶具泡饮，才能相得益彰。茶具的优劣，对茶汤质量和品饮者的心情都会产生直接影响。一般来说，现在通行的各类茶具中以瓷器茶具、陶器茶具最好，玻璃茶具次之，搪瓷茶具再次之。因为瓷器传热不快，保温适中，与茶不会发生化学反应，沏茶能获得较好的色、香、味；而且造型美观，装饰精巧，具有艺术欣赏价值。陶器茶具，造型雅致，色泽古朴，特别是宜兴紫砂为陶器中珍品，用来沏茶，香味醇和，汤色澄清，保温性好，即使夏天茶汤也不易变质。

乌龙茶香气浓郁，滋味醇厚。冲泡时，茶叶投放前，先以开水淋器预温；茶叶投放后随即以沸水冲泡，并以沸水淋洗多次，以发茶香。因此冲泡乌龙茶使用陶器茶具最为适合。但陶器茶具不透明，沏茶以后难以欣赏壶中芽叶的美姿，这对泡饮名茶就不适宜了。

龙井、碧螺春、君山银针等名茶，如果用玻璃茶具冲泡，就能充分发挥玻璃器皿透明的优越性，观之令人赏心悦目。至于其他茶具，如搪瓷茶具，虽在欣赏价值方面有所不足，但也经久耐用，携带方便，适宜于工厂车间、工地及旅行时使用。而塑料茶具，因质地对茶味有影响，只有特殊情况才临时使用，尤其忌用塑料保温杯冲泡高级绿茶，此杯长期保温，使茶汤泛红，香气低闷，出现熟汤味，必然大煞风景。

二、茶具的产地

我国陶瓷业历史悠久，中国的英文名"China"即是最初瓷器传入西方，"瓷"字的谐音。古代名窑颇多，不能一一介绍，只选与茶具关系密切的名窑，简介于此。

1. 越窑

越窑最早见于唐人陆龟蒙的《秘色越器》一诗，是对杭州湾南岸古越地青瓷窑场的总称。其形成于汉代，经三国、西晋，至晚唐五代达到全盛期，至北宋中叶衰落。中心产地位于上虞曹娥江中游地区，始终以生产青瓷为主，质量上乘。

2. 邢窑

邢窑在今河北内丘、临城一带，唐代属邢州，故名。该窑始于隋代，盛于唐代，主产白瓷，质地细腻，釉色洁白，曾被纳为御用瓷器，一时与越窑青瓷齐名，世称"南青北白"。

3. 汝窑

汝窑是宋代五大名窑之一，在今河南宝丰清凉寺一带，因北宋属汝州而得名。釉色以天青为主，用石灰碱釉烧制技术，釉面多开片，胎呈灰黑，胎骨较薄。

4. 钧窑

钧窑是宋代五大名窑之一，在今河南禹县，此地唐宋时为钧州所辖而得名。始于唐代，盛于北宋，至元代衰落。钧窑以烧制铜红釉为主。

5. 定窑

定窑是宋代五大名窑之一，今河北曲阳涧磁村和燕山村，因唐宋时属定州而得名。定窑烧制白瓷，白瓷釉层略显绿色，流釉如泪痕。

6. 南宋官窑

南宋官窑是宋代五大名窑之一，宋室南迁后设立的专烧宫廷用瓷的窑场。前期设在龙泉（今浙江龙泉大窑、金村、溪口一带），后期设在临安郊坛下（今浙江杭州南郊乌龟山麓）。两窑烧制的器物胎、釉，特征一致，难分彼此，均为薄胎，呈黑、灰等色；釉层丰厚，有粉青、米黄、青灰等色；釉面开片，器物口沿和底足露胎，有"紫口铁足"之称。

7. 哥窑

哥窑是宋代五大名窑之一，至今遗址尚未找到。传世的哥窑瓷器，胎有黑、深灰、浅灰、土黄等色，釉以灰青色为主，也有米黄、乳白等色，釉面有大小纹开片，细纹色黄，粗纹黑褐色，俗称"金丝铁线"。

8. 建窑

建窑在今福建建阳。始于唐代，早期烧制部分青瓷，至北宋以生产兔毫纹黑釉茶盏而闻名。兔纹为釉面条状结晶，有黄、白两色，称金、银兔毫；有的釉面结晶呈油滴状，称鹧鸪斑；也有少数窑的变花釉，在油滴结晶周围出现蓝色光泽。该窑生产的黑瓷，釉不及底，胎较厚，含铁量高达10%左右，故呈黑色，有"铁胎"之称。

9. 景德镇窑

景德镇窑在今江西景德镇。始烧于唐武德年间，产品有青瓷与白瓷两种，青瓷色发灰，白瓷色纯正，素有"白如玉、薄如纸、明如镜、声如磬"之誉。景德镇有"景瓷宜陶"的瓷都之称。

10. 宜兴窑

宜兴窑在今江苏宜兴鼎蜀镇。早在汉晋时期就烧青瓷，产品造型的纹饰均受越窑影响，胎质较疏松，釉色青中泛黄，常见剥釉现象。于宋代开始改烧陶器，至明代则以生产紫砂而闻名于世。

第三节　茶具的分类和功能

我国地域辽阔，茶类繁多，又因民族众多，民俗也有差异，饮茶习惯便各有特点，尤其茶具更是异彩纷呈，很难做出一个统一的规定。本节所述内容是从中国现代茶艺的基本需要出发，选择主要器具加以阐述。

一、主茶具

（1）茶壶：用以泡茶的器具。茶壶由壶盖、壶身、壶底和圈足四部分组成。壶盖有孔、纽、座、盖等细部。壶身有口、延、嘴、流、腹、肩、把等细部。由于壶的把、盖、底、形的细微差别，茶壶的基本形态就有200种。

① 以把划分，茶壶可分为侧提壶、提梁壶、飞天壶和握把壶。

侧提壶：壶把成耳状，在壶嘴对面（见图3-1）。

提梁壶：壶把在壶盖上方呈虹状（见图3-2）。

图3-1　侧提壶　　　　　　　　　　图3-2　提梁壶

飞天壶：壶把在壶身一侧上方，呈彩带飞舞。

握把壶：壶把如握柄，与壶身成直角。

② 以盖划分，茶壶可分为压盖壶、嵌盖壶和截盖壶。

压盖壶：壶盖平压在壶口之上，壶口不外露。

嵌盖壶：壶盖嵌入壶内，盖沿与壶口平。

截盖壶：壶盖与壶身浑然一体，只显截缝。

③ 以底划分，茶壶可分为捺底壶、钉足壶和加底壶。

捺底壶：茶壶底心捺成内凹状，不另加足。

钉足壶：壶底上有三颗外凸的足。

加底壶：茶壶底加一个圈足。

④ 以形状分，茶壶可分为圆器、方器和塑器。

圆器：主要由不同方向和曲度的曲线构成的茶壶。其骨肉匀称、转折圆润、隽永耐看。

方器：主要由长短不等的直线构成的茶壶。其线面挺括平整、轮廓分明，显示出干净利落、明快挺秀的阳刚之美。

塑器：依照各类动、植物造型并带有浮雕半圆装饰的茶壶。其特点是巧形、巧色、巧工，构思奇巧，既有肖形，又不落俗套；理趣兼顾，巧用紫砂泥的天然色彩，取得神形兼备的效果，如南瓜壶、梅桩壶、松干壶、桃子壶等。

此外根据有无内胆，可分为普通壶（无内胆）与滤壶。滤壶壶口内安放直桶形的滤胆，令茶渣与茶汤分开。

（2）茶船：放置茶壶等的垫底茶具。既美观，又防止茶壶烫伤桌面。主要形状有盘状、碗状和双层状。

盘状：边沿低矮，呈盘状，可使茶壶线条完全展现出来。

碗状：边沿高耸，形似大碗，茶壶被保护在中间。

双层状：茶船制成双层，上层底部有许多排水孔，下层有储水器。冲泡时弃水由排水孔流入下层。

（3）茶盅：又名茶海，是分茶器具，将泡好的茶汤全部倒入。因有均匀茶汤的作用，又称公平杯。其种类有壶形盅、无把盅和简式盅。

壶形盅：用小茶壶作为茶盅使用。

无把盅：将壶把省略，壶口外拉出一个翻边，用以代替把手。

简式盅：无盖，从盅身拉出一个倒水口，有把或无把。

（4）小茶杯：盛放茶汤用以品茗的杯子。其种类有以下几种。

翻口杯：杯口向外翻出，似喇叭状。

敞口杯（见图3-3）：杯口大于杯底，又称盏形杯。

直口杯（见图3-4）：杯口与杯身同大的筒形杯。

收口杯：杯口直径小于杯身的鼓形杯。

把杯：带有把柄的杯子。

图3-3　敞口杯　　　　　　　图3-4　直口杯

盖杯：带有盖子的杯子，有把或无把。

（5）杯托：又称茶托，是承托茶杯所用的器具。其形态有以下几种。

盘形：托缘低矮呈浅盘状。

碗形：托缘高耸形似小碗。

高脚形：杯托底部有圆柱状高脚。

复托形：高脚托的托碟中心再有一个碗形或碟形的小托，多配合盏形杯或茶碗使用，茶盏或茶碗的底部由小托承托。

（6）盖置：承托壶盖、盅盖与杯盖等物的器具，以保持盖子的清洁并避免弄湿桌面。

（7）茶碗：大碗形品茗器具，或直接放茶叶冲泡。其形态有以下几种。

圆底形：茶碗底部呈圆球形。

尖底形：通常称为茶盏，茶碗底部呈锥形。

（8）盖碗（见图3-5）：由杯盖、茶碗与杯托三件组成的泡饮组合用器，也可单用。

图3-5　盖碗

（9）大茶杯：多为直圆长桶形，有盖或无盖，有把或无把，玻璃或瓷质。

（10）冲泡盅、冲泡器：冲泡盅是指用以冲泡茶叶的杯状器具，杯口有倒水口。前述的盖碗与茶盅有时可当作冲泡盅使用。冲泡器是指杯盖连接有一滤网，令茶渣与茶汤分离，中轴可上下提压，如活塞，可令茶汤均匀。

（11）水注：一般是壶嘴细长、壶身较长直的水壶，主要用于盛放冷水，注入煮水器加热；或盛放开水，用来注水或者等水温稍降冲泡茶叶。

二、辅助用品

（1）奉茶盘：盛放茶杯、茶碗或茶食等，奉送至宾客面前供其取用的托盘。

（2）茶盘（见图3-6）：泡茶时摆茶具的托盘。其形态有规则，茶盘呈对称的几何形状，如方形、圆形等。

图3-6　茶盘

（3）茶巾：一般为小块正方形棉、麻织物，用于擦拭茶具、吸干残水、托垫茶壶等。

（4）泡茶巾：一般为大块正方形棉、麻、丝绸织物，用于覆盖暂时不用的茶具；或铺在桌面、地面上用来放置茶具泡茶。

（5）茶荷：敞口无盖的小容器，用于赏茶、投茶与置茶计量。

（6）茶匙：长柄、圆头、浅口小匙，把茶叶从茶样罐中取出时使用，不可以沾水。

（7）渣匙：长柄小匙，可以沾水，用于去除茶渣。

（8）茶针：细长，一头尖利的竹、木制长针，用于通壶孔或拨茶。

（9）茶箸：用于夹出干茶渣的筷子，或用于搅拌配料茶汤。

茶荷、茶匙、渣匙、茶针、茶箸如图3-7所示。

图3-7 茶荷、茶匙、渣匙、茶针、茶箸

（10）计时器：如钟、表等，用于掌握冲泡时间。

三、备水器

（1）煮水器：包括热源和煮水壶。

（2）保温瓶：储存开水用于泡茶，或储存冷水备用。

（3）水方：敞口较大的容器，用于储存清洁的冷水。

（4）水盂：敞口较小的容器，用于盛放弃水与渣滓。

四、备茶器

（1）茶样罐：有盖小罐，由铁、锡、竹等制成。

（2）茶瓮：陶瓷大瓮，用于大量储存茶叶的容器。

时大彬三足圆壶

　　时大彬三足圆壶如图3-8所示，1984年出土于江苏省无锡市甘露乡。伴出土的墓志表明，墓主是明代有名的华老太师华察的孙子华涵莪。华涵莪卒于明万历四十七年，葬于崇祯二年。

　　其壶身似一球形，素面无饰，唯壶的盖面上，环绕壶纽饰有四瓣柿蒂纹。壶下三足，曲润有变，又和壶身浑然一体。壶流外撇，和壶把对称而又呼应。壶把下方的腹面上，阴刻横排的"大彬"两个楷书款，字体规而不板，刀法娴熟有力，显得规整而洒脱。壶泥褐色，细看能发现壶面布满着浅色的微小颗粒，这正是鉴赏家所称的"银砂闪点"，也是时大彬时期泥质的特征，有"砂粗质古肌理匀"之誉。

此壶高为11.3厘米，口径为8.4厘米，属时大彬改制后的小壶，现藏于无锡市文管会。

图3-8 时大彬三足圆壶

 复习思考题

一、填空题

1. 古人使用泉水泡茶，宜取其_____、_____、_____、_____、_____、活者。

2. 煮水的燃料有_____、_____、_____、_____、_____等多种。

3. 茶盅又名_____，是分茶器具，将泡好的茶汤全部倒入。

4. _____是放置茶壶的垫底茶具。

5. 茶壶根据壶把的造型可分为_____、_____、_____、_____、_____。

二、判断题

1. 泡茶用的开水可以用文火慢煮，久沸再用。　　　　　　　　（　　）

2. 要喝一杯好茶只能用矿泉水来冲泡。　　　　　　　　　　　（　　）

3. 冲泡高档绿茶应用100℃的开水。　　　　　　　　　　　　（　　）

4. 生产紫砂壶的著名产地是江西景德镇。　　　　　　　　　　（　　）

5. 邢窑是宋代五大名窑之一，在今河南宝丰清凉寺一带。　　　（　　）

6. 茶巾，一般为小块正方形棉、麻织物，用于擦拭茶具、吸干残水、托垫茶壶等。　　　　　　　　　　　　　　　　　　　　　　　（　　）

7. 乌龙茶，必须煮饮才得其真味，无法冲饮。　　　　　　　　（　　）

8. 盖碗是由杯盖、茶碗、杯托三件组成的泡饮组合用器，也可单用。　　　　　　　　　　　　　　　　　　　　　　　　　　　　（　　）

9. 小茶杯是盛放茶汤用以品茗的杯子，其种类有直口杯、把杯、收口杯。　　　　　　　　　　　　　　　　　　　　　　　　　　（　　）

10. 茶盅是分茶器具，将泡好的茶汤全部倒入。因有均匀茶汤的作用，又称公平杯。　　　　　　　　　　　　　　　　　　　　　　（　　）

三、选择题

1. 古人选水，十分重视水源，强调用活水。（　　）是煮茶首选。

　　A. 自来水　　　B. 泉水　　　　C. 江水　　　　D. 井水

2.（　　）是长江西陵峡中的两处名泉，都在湖北境内，被古人列为天下第四泉之称誉。

    A．玉泉和卓刀泉　　　　　　　　B．黄牛泉和陆游泉

    C．卓刀泉和蛤蟆泉　　　　　　　D．蛤蟆泉和黄牛泉

3.（　　）在今福建建阳，始于唐代，早期烧制部分青瓷，至北宋以生产兔毫纹黑釉茶盏而闻名。

    A．越窑　　　　　B．邢窑　　　　　C．建窑　　　　　D．定窑

4．素以天下第三泉著称的虎跑泉位于（　　　）。

    A．西安　　　　　B．武汉　　　　　C．北京　　　　　D．杭州

5.（　　）是放置茶壶的垫底茶具。

    A．茶船　　　　　B．茶盘　　　　　C．茶碗　　　　　D．水方

6.（　　）是敞口无盖的小容器，用于赏茶、投茶与置茶计量。

    A．茶杯　　　　　B．茶荷　　　　　C．茶针　　　　　D．茶匙

7.（　　）是指用以冲泡茶叶的杯状器具，杯口有倒水口。

    A．水方　　　　　B．把杯　　　　　C．冲泡盅　　　　D．冲泡器

8．传世的（　　）瓷器，胎有黑、深灰、浅灰、土黄等色，釉以灰青色为主，也有米黄、乳白等色，釉面有大、小纹开片，细纹色黄，粗纹黑褐色，俗称"金丝铁线"。

    A．哥窑　　　　　B．钧窑　　　　　C．汝窑　　　　　D．定窑

9．经茶圣陆羽品定为"天下第一水"的是（　　　）。

    A．北京玉泉　　　　　　　　　　B．杭州虎跑泉

    C．无锡惠山泉　　　　　　　　　D．江西庐山谷帘泉

10.（　　）生产的瓷器素有"白如玉、薄如纸、明如镜、声如磬"之誉。

    A．定窑　　　　　B．景德镇窑　　　　C．宜兴窑　　　　D．钧窑

四、简答题

1．如何对泡茶用水进行预处理？

2．为什么泡茶的开水过"嫩"或过"老"均不佳呢？

3．茶艺中所需的主茶具有哪些？

第四章 茶的冲泡方法与技巧

教学目标

1. 掌握行茶时用茶、用具、用水、用时、用技的基本要领。
2. 了解不同茶艺的特点，掌握不同茶艺的行茶程序、冲泡方法和技巧。

第一节 茶艺基础知识

茶的冲泡，是指用开水将成品茶内所含的可溶性物质浸出到茶汤中的过程。品尝是指赏形、闻香、观色、品味的过程。茶的真香本味、品质高低，是必须通过正确的冲泡和品尝才能够体会到的。每种茶都有独特的风味，要根据不同的茶类采用不同的冲泡方法，以发挥其独特的茶性，享受其独特的风韵。作为冲泡者，要了解茶的科学知识，掌握合理的冲泡程序，并经过自己的反复实践，才能泡出一杯美味的中国茶。在冲泡实践过程中，通过反复实践，积累经验，才能培养自己鉴赏茶的色、香、味、形、优、劣的能力。正如鲁迅先生所说："有好茶喝，会喝好茶是一种清福，首先必须有工夫，其次是练习出来的特别感觉。"

同时，泡茶、品茶不仅能满足人们的物质需求，还能修身养性、陶冶情操。中国不仅拥有丰富的茶类，与茶有关的丰富文化更是取之不尽的精神财富，一杯清茶，其中融入了中华民族的美德与智慧。

一、泡茶的准备

1. 品茶环境

中国茶道认为，品茶是一种艺术创造和艺术享受的过程。只有在优美、洁净、安静的环境中，才能体味茶性，荡烦涤腻，达到修身养性的目的。明代徐渭在《徐文长密集》中描写道："茶宜精舍，云林竹灶，幽人雅士，寒宵兀坐，松月下，花鸟间，青泉白石，绿鲜苍苔，素手汲水，红妆扫雪，船头吹火，竹里飘烟。"这在一定程度上反映了古人追求的品茗环境。现代人品茶，同样也十分讲究，茶室常常选择在游览胜地或僻静乡间的幽静之处。即使在闹市，也要设法闹中取静。例如，一些茶艺馆在环境布置上选择木、竹、布等融入自然的装饰，创造出和谐、自然的环境，使人有一种回归自然的感觉。如果在工作单位或家中客厅招待客人，也要有一番讲究，但以简朴雅观为宜，既要整洁舒适，又不致使人拘束。

幽雅的檀香，营造安逸肃静的气氛；古典的音乐，使人精神得以放松；插花、字画，使人在古典文化气氛中品味人生。

2. 茶具

茶具是随着茶叶制作工艺、人们的饮茶实践和社会生产力的发展而不断创新、变革、完善起来的。因此在选择茶具时，首先要考虑茶叶的品质特色，再根据自己的泡茶实践和自己现有的茶具情况，选择、搭配一套科学、实用并美观的茶具。"良具益茶，恶器损味"，优质茶具冲泡上等名茶，两者相得益彰，使人在品茗中得到美好的享受。例如，名优绿茶应选用无花、无色的透明玻璃杯，既适合于冲泡绿茶所需要的温度，又能欣赏到绿茶汤色及芽叶变化的过程；青茶则选用质朴典雅的紫砂壶；花茶则选用能够保温留香的盖碗。茶具的选择也与茶叶品质有关，如外形一般的中档绿茶就可选择瓷壶冲泡。泡饮用器要洁净完整，选择时应注意色彩的搭配和质地，且整套茶具要和谐。

在选配茶具时，不仅要看茶叶品质，还要注意品茗的场合和人数。不同的品茗场合，茶具可繁可简。例如，在大型茶文化交流活动中，可选用具有文化底蕴、特色鲜明的茶具，而会议待客则可用简洁方便的茶具。要根据客人的数量准备茶具，特别是用紫砂壶冲泡时，如果人数少，可选用三人壶或四人壶，因为这样才能使客人对每一泡茶汤都能够及时品饮、鉴赏。

茶具的摆放要布局合理，实用美观，注意层次感和线条的变化。摆放茶具要有序，左右要平衡，尽量不要有遮挡。如果有遮挡，则要按由低到高的顺序，将低的茶具放在客人视线的最前方。为了表示对客人的尊重，壶嘴不能对着客人。

3. 选茶

中国的茶类繁多，各具风味。因此，在泡茶前应首先了解各地名茶的相关知识，包括产地、品质特色、名茶文化及冲泡要点。在泡饮过程中与客人进行交流，以便更好地赏茶、品茶，在得到物质享受的同时也得到精神的熏陶。

以茶待客要选用好茶。所谓好茶，应注意两个方面，一方面是指茶叶的品质，应选上等的好茶待客。运用茶艺师所掌握的茶叶审评知识，通过人的视觉、嗅觉、味觉和触觉来审评茶的外形、色泽、香气、滋味、汤色和叶底，判断、选择品质最优的茶叶奉献给客人。另一方面，要根据客人的喜好来选择茶叶的品种，同时应该根据客人口味的浓淡来调整茶汤的浓度。待客时可事先了解或当面询问对方的喜好。

根据客人的性别、健康状况和时令，可有选择地推荐茶叶。例如，可向女士推荐有减肥、美容功能的乌龙茶，向男士推荐降血脂效果显著的普洱茶；向胃寒的人推荐红茶。为了迎合四季的变化，增加饮茶的情趣，也可根据季节选择茶叶，如春季饮花茶，万物复苏，花茶香气浓郁，充满春天的气息；夏季饮绿茶，消暑止渴，同时，绿茶以新为贵，也应及早饮用；秋季饮乌龙茶，乌龙茶不寒不温，介于红茶、绿茶之间，香气迷人，又助消化，冲泡过程充满情趣，而且耐泡，在丰收的季节里，适于家庭团圆时饮用；冬季饮红茶，红茶味甘性温，有暖胃的功能，同时，红茶可调饮，充满浪漫气息。

4. 选水

茶叶必须通过开水冲泡才能享用，水质直接影响茶汤的质量，所以中国人历来非常讲究泡茶用水。宋徽宗赵佶在《大观茶论》中写道："水以清、轻、甘、冽为美。轻、甘乃水之自然，独为难得。"张大复在《梅花草堂笔谈》中写道："茶性必发于水，八分之茶，遇十分之水，茶亦十分矣；八分之水，遇十分之茶，茶只八分耳。"以上论述均阐明了水对茶的重要作用。

二、冲泡的技艺

1. 泡茶的姿态与动作

在冲泡过程中，身体要保持良好的姿态，头要正，肩要平，操作过程中眼神与动作要和谐自然，在泡茶过程中要沉肩、垂肘、提腕，要用手腕的起伏带动手的动作，切忌肘部高高抬起。

冲泡过程中左、右手要尽量交替进行，不可总用一只手去完成所有的动作，并且左、右手尽量不要有交叉的动作。如果手臂有旋转动作，则右手逆时针旋转，左手顺时针旋转，使两手成向内的态势，寓意欢迎。

冲泡时要掌握高冲低斟的原则，即冲水时可悬壶高冲，或根据泡茶的需要采用各种手法，但如果是将茶汤倒出，就一定要压低泡茶器，使茶汤尽量减少在空气中的时间，以保持茶汤的温度和香气。

2. 茶具的取放方法

茶具的摆放是极富科学性和艺术性的。取、放茶具要"轻"、"准"、"稳"。"轻"是指轻拿、轻放茶具，既表现了茶人对茶具的珍爱之情，同时也是茶艺师个人修养的体现。"准"是指茶具取出和归位要准，要取哪个茶具，眼、手应准确到位，不能毫无目的。同时，茶具归位时应注意归于原位，不能因取放过程而偏离原有位置。"稳"是指取放茶具的动作过程要稳，速度要均匀，茶具本身要平稳，每次停顿的位置要协调，给人以稳重大方的美感。另外，在拿取茶艺用品的时候，应拿其柄部，手指不可拿在接触或盛装茶叶的部分。

3. 行茶中各种茶具的操作方法

1）茶则的操作方法

（1）用右手拿取茶则柄部中央位置，盛取茶叶（见图4-1）。

（2）拿取茶则时，手不能触及茶则上端盛取茶叶的部位（见图4-2）。

（3）用后，放回时动作要轻。

2）茶匙的使用手法

（1）用右手拿取茶匙柄部中央位置，协助茶则将茶拨至壶中（见图4-3）。

（2）拿取茶匙时，手不能触及茶匙上端（见图4-4）。

（3）茶匙用后，用茶巾擦拭干净放回原处。

图4-1 拿取茶则规范的操作方法

图4-2 拿取茶则不规范的操作方法

图4-3 拿取茶匙规范的操作方法

图4-4 拿取茶匙不规范的操作方法

3）茶夹的使用手法

（1）右手拿取茶夹中央位置（见图4-5），夹取茶杯后，在茶巾上擦拭茶夹的水痕。

（2）拿取茶夹时，手不能触及茶夹上部（见图4-6）。

（3）取茶具时，用力适中，既要防止茶具滑落、摔碎，又要防止用力过大毁坏茶具。

（4）收茶夹时，应用茶巾拭去茶夹上的水迹。

图4-5 拿取茶夹规范的操作方法

图4-6 拿取茶夹不规范的操作方法

4）茶漏的使用手法

（1）用右手拿取茶漏外壁（见图4-7），放于茶壶壶口。

（2）手不能接触茶漏内壁（见图4-8）。

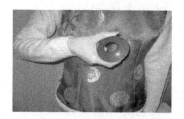

图4-7 拿取茶漏规范的操作方法

图4-8 拿取茶漏不规范的操作方法

（3）茶漏用后，用茶巾擦拭干净。

（4）茶漏用后，放回固定位置（茶漏在静止状态时放于茶夹上备用）。

5）茶针的使用手法

（1）用右手拿取茶针柄部（见图4-9），用针部疏通被堵塞的壶孔，刮去茶汤浮沫。

（2）拿取时手不能触及到茶针的针部位置（见图4-10）。

（3）放回时，将茶针擦拭干净后再用右手放回。

图4-9　拿取茶针规范的操作方法　　　　图4-10　拿取茶针不规范的操作方法

6）茶叶罐的使用手法

（1）用双手拿取茶叶罐，双手拿住茶叶罐下部，双手食指将茶叶罐盖上推，打开后左手持茶叶罐，右手放于茶巾上。

（2）将茶叶罐上印有图案及茶字的一面面对客人（见图4-11）。

（3）拿取时，手勿触及茶叶罐内侧（见图4-12）。

图4-11　拿取茶叶罐正确的操作方法　　　图4-12　拿取茶叶罐不正确的操作方法

7）茶荷的使用手法

（1）用左手拿取茶荷，拿取时，拇指与食指拿取两侧，其余手指托起（见图4-13）。

（2）拿取时，手勿触及茶荷内侧（见图4-14）。

图4-13　拿取茶荷规范的操作方法　　　　图4-14　拿取茶荷不规范的操作方法

8）茶壶的使用手法

（1）后提壶的使用手法：用右手拇指、中指从壶提的上方提起，无名指、小指顶住壶提的下方，用食指轻按茶盖盖纽（见图4-15）。

（2）轻按盖纽时，勿将纽孔盖住（见图4-16）。

（3）提梁壶的使用手法：右手拿起壶提，左手轻按盖纽（见图4-17）。

（4）茶壶在放回时，茶嘴勿对客人（见图4-18）。

图4-15　后提壶规范的操作方法　　图4-16　后提壶不规范的操作方法

图4-17　提梁壶规范的操作方法　　图4-18　茶壶在放回时不规范的操作方法

9）茶海的使用手法

（1）无盖后提海：拿取时，右手拇指、食指抓住壶提的上方，中指顶住壶提的中侧，其余二指靠拢，女性也可微翘小指（见图4-19）。

（2）加盖无提海：右手食指轻按盖纽，拇指在流水口的左侧，剩下三指在流水口的右侧，女性也可微翘小指（见图4-20）。

图4-19　无盖后提海的操作方法　　图4-20　加盖无提海的操作方法

10）随手泡提壶方法

（1）后提壶的使用手法：右手拇指在壶提的外侧上方处，其余四指牢牢握住壶提（见图4-21）。

（2）提梁壶的使用手法：以右手五指握住壶提的上方。

图4-21　后提壶的操作方法

11）杯子的使用手法

用拇指和食指在杯缘下1厘米处拿住小茶杯，中指托杯底，无名指和小指与掌心并拢握住杯子（见图4-22）。大茶杯以右手握杯，左手托杯底，右手在杯缘下1厘米处握住杯子即可（见图4-23）。

图4-22　小茶杯的操作方法

图4-23　大茶杯的操作方法

12）杯托的使用手法

（1）用双手的拇指、食指扣住茶杯托的上、下边缘处，其余三指轻轻托底。

（2）杯托上有字的，字面要朝向客人（见图4-24）。

（3）拿取时，手指勿触及杯托内侧（见图4-25）。

图4-24　杯托有字时，拿取杯托规范的
　　　　操作方法

图4-25　拿取杯托不规范的操作方法

13）拿茶具和物品的手法

（1）放于茶巾上的双手慢慢向两侧平移，与肩同宽，向前合抱欲取之物，双手掌心相对，拿起物品，轻轻放下后双手收回。

（2）端物品时，手心向上，掌心下凹做荷叶状，平稳移动物件。多用于端取茶荷、茶点等物品。

（3）操作完毕，双手应注意以左手在下、右手在上的方式置于茶巾之上（见图4-26）。

图4-26　双手置于茶巾上的操作方法

4. 掌握沏茶时投茶叶的先后

泡茶时在杯中放置茶叶有三种方法，日常沏茶都习惯先放茶叶，后冲入沸水，此称为"下投法"；沸水冲入杯中约1/3后再放入茶叶，浸泡一定时间后再冲水至七分满，称"中投法"；在杯中先冲水至七分满后再放茶叶，称为"上投法"。不同的茶叶种类，因其外形、质地、相对密度、品质及成分浸出率的差异，而应有不同的投茶法。对身骨重实、条索紧结、芽叶细嫩、香味成分高，并对茶汤的香气和茶汤色泽均有要求的各类名茶，可采用"上投法"；对条形松展、相对密度小、不易沉入茶汤中的茶叶，宜采用"下投法"或"中投法"。

5. 水的控制

茶的冲泡过程中，水的控制尤为重要。不但要选好水，还要注意泡茶时的水温、水流，以及茶与水的比例。

1）水温

水温的选择因茶而异，茶越细嫩水温越低，茶越粗老水温越高，水温的控制要通过长时间的练习才能掌握。例如，85℃左右的水温在水开后多久才能达到，这与煮水时的茶具、室内的温度等客观因素都有关。沏茶的水温高低是影响茶叶水溶性内含物浸出和香气挥发的重要因素。水温过低，茶叶的成分和香气不易充分溢出；水温过高，特别是闷泡绿茶，则易造成茶汤的汤色暗和叶底偏黄，且香气欠清纯。但用已经久沸的水沏茶，则茶汤的新鲜风味也要受损。故沏茶的水温要因茶而异。

不同茶类对沏茶水温的要求也不同。一般来说，细嫩的高级绿茶，用85℃左右的水冲泡为宜。如沏名茶碧螺春、明前龙井、太平猴魁、黄山毛峰等，切勿用沸水冲泡。因芽叶细嫩，沸水易使茶汤变黄，茶也会失去香味，可待水温下降至85℃左右时再沏茶；中档的绿茶可用90℃的热水冲泡；而花茶宜用95℃以上的热水冲泡；红茶，如滇红、祁红等可用沸水冲泡；普洱茶用沸水冲泡，才能泡出其香味；而原料粗老的紧压茶类，则要用煎煮法才能使水溶性物质较快浸出，以重复提取出茶叶内的有效成分。

关于煮水时"候汤"的掌握，应以水面泛"蟹眼"气泡过后，"鱼眼"大气泡刚成时沏茶最佳。同时，应注意煮水时宜"猛火急烧"，忌"文火久沸"。

2）水流

在茶的冲泡过程中，或纤细晶莹、或瀑布飞溅、或急、或缓的水流既是发挥茶性的需要，也是一种茶艺之美的体现。快速的水流对茶汁的浸出有利，悬壶高冲，是为了让茶中可溶性物质尽快浸出；温润茶叶时，为避免茶汁浸出浪费，要用细流慢水，达到温润的目的即可，此时的水流，就要轻柔和缓。水流的粗、细、快、慢，出水、收水的自然及水线的连绵不断所带来情绪的感染和暗喻的礼仪，则是一种无声的交流。因此，在泡茶过程中要注意水流的变化。

水流的变化是随手腕在运壶过程中的变化产生的。因此，执壶冲水、凤凰三点头及不同茶具的出水、收水的练习都是泡茶的基本功，特别是初学者，要养成良好的用水习惯。

3）掌握沏茶的茶水比

泡茶时，茶与水的比例称为茶水比。不同的茶水比，沏出的茶汤香气高低、滋味浓淡各异，茶水比过小（沏茶的用水量多），茶叶在水中的浸出物绝对量则大，由于用水量过大，茶汤就味淡香低；茶水比过大（沏茶的用水量小），因用水量少，茶汤则过浓，而滋味苦涩，同时又不能充分利用茶叶浸出物的有效成分。因此沏茶的茶水比应适当。由于茶叶的香味、各成分的含量及其溶出比例不同，以及各人对香味、浓度的要求不同等因素，因此对茶水比的要求也不同。

一般认为，冲泡绿茶、红茶、花茶的茶水比采用1∶50为宜（即用普通玻璃杯、瓷杯沏茶，每杯约置3克茶叶，可冲入150毫升的沸水）。品饮铁观音、武夷岩茶等乌龙茶类，因对茶汤的香味、浓度要求高，茶水比以1∶20为宜（3克茶叶，冲入60毫升的水）。

从个人嗜好、饮茶时间来讲，喜饮淡茶者，茶水比可小些；饭后或酒后适度饮茶，茶水比可大些；临睡前宜饮淡茶，茶水比则应小些；人的身体状况也决定茶汤的浓淡，一般体弱者应饮淡茶。

4）掌握沏茶浸泡的时间

当茶水比和水温一定时，溶入茶汤的成分则随着时间的延长而增加。因此，沏茶的冲泡时间和茶汤的色泽、滋味的浓淡爽涩密切相关。另外，茶汤冲泡时间过久，茶叶中的茶多酚、芳香物质等会自动氧化，影响茶汤的色、香、味；茶中的维生素、氨基酸等也会因氧化而减少，而降低茶汤的营养价值。而且茶汤搁置时间过久，还易受环境的污染。如果茶叶的浸泡时间特别长，则茶叶中的碳水化合物与蛋白质易生细菌而引起霉变，更对人体健康造成危害。所以沏茶要掌握浸泡的时间。

泡茶时间短，茶汁浸出不充分；泡茶时间长，茶汤会有闷浊滋味。日常沏茶提倡边泡边饮为佳。一般花茶、绿茶以冲泡5分钟为宜；红碎茶因经揉切作用，颗粒细小，茶叶中的成分易浸出，冲泡3分钟即可（如还将在茶中加糖或加奶，则浸泡时间以5分钟为宜）；青茶因沏茶时先要用沸水浇淋壶身以预热，且茶水相对密度大，故冲泡时间可缩短：第一次冲泡时间为1分钟左右。第二次冲泡时间根据第一泡茶汤的浓淡情况适度调节，如果浓了，就适当缩短；如果淡了，就适度延长；如果滋味正好，就适当延长15秒左右，以后依次递增，以使茶汤不会先浓后淡。紧压茶为获得较高浓度的茶汤，用煎煮法煮沸茶叶的时间应控制在10分钟以上。

泡茶时间的长短与茶叶原料老嫩和饮用方法密切相关，要因茶而异，以茶汁浸出而又不损害其色、香、味为度。

5）掌握冲泡的次数

由于茶叶的品质特征有差异，所以不同的茶叶冲泡次数是不同的。根据测定，花茶和绿茶的头泡茶汤含水浸出物占总量的50%～55%；二泡茶汤含水浸出物占总量的30%左右；三泡茶汤含水浸出物占总量的10%左右；而四泡茶汤含水浸出物则仅占1%～3%了。因此，日常冲泡绿茶、花茶一般以冲泡三次为宜，以充分利用茶叶中的有效成分。而青茶由于采摘时间较绿茶晚，芽叶成熟、耐泡，再加上投茶量大，每泡的浸泡时间短，所以好品质的青茶可泡七次以上。而像红碎茶这类的茶叶，由于加工过程中有揉切的工序，要求茶叶细胞破碎率达90%以上，因此茶汁极易浸出，所以只冲泡一次即可。

6. 基本冲泡程序

1）赏茶

泡茶前首先要鉴赏干茶，将其产地、名称及外形特征（嫩度、条索、色泽、净度）及采制时间等相关内容与客人进行沟通，使客人对此茶有详细的了解。

2）烫具

泡茶前用热水烫具（见图4-27），以提高茶具的温度，这样会使茶香更浓，滋味更醇。

图4-27　烫具

3）冲泡

冲泡的具体程序与茶的品质有关，对所泡之茶，必须经过反复实践，才能确定适宜的茶具、投茶量、水温、时间，并掌握冲泡技巧。

三、敬茶与品茶

1. 敬茶礼仪

客来敬茶，自古以来是我国人民重情好客的礼俗。中国南北方的待客礼俗各有不同，因此可不拘一格，常用的敬茶方法一般是在客人左边用左手端茶奉上，而客人则用右手伸掌姿势进行礼仪对答。或从客人正面双手奉上，用手势进行对答（宾主都用右手伸掌做请的姿势）。

（1）敬茶顺序：先长后幼、先客后主。

（2）斟茶不宜太满："茶满欺客，酒满心实。"这是中国谚语。俗话说"茶倒七分满，留下三分是情分"。七分满的茶杯非常好端。这既表达了好客之情，又是出于安全的考虑。

（3）在奉有柄茶杯时，一定要注意茶杯柄的方向是客人的顺手面，即有利于客人右手拿茶杯的柄。

（4）敬茶的手势应伸出右掌，掌心朝上，示意"请用茶"。

2．品茶的方法

1）闻茶香

无盖茶杯是直接闻茶汤飘逸出的香气；如果用盖杯、盖碗，则可取盖闻香。感官闻香气一般分热嗅、温嗅、冷嗅三种，热嗅判断香气是否正常，有无异味，如有无烟、焦、酸、馊、异及陈霉等气味；温嗅判断香气的浓淡、类型、清浊；冷嗅主要看其香的持久程度。

2）观看茶汤色泽

茶汤色泽因茶而异，即使是同一种茶类，茶汤色泽也有不同，大体上说，绿茶茶汤绿而清澈；红茶茶汤红艳、明亮；乌龙茶茶汤黄亮、浓艳。

3）尝味

小口喝茶，细品其味，使茶汤从舌尖到舌两侧再到舌根，以辨绿茶的鲜爽、红茶的浓甘，同时也可在尝味时再体会一下茶的香气。茶叶中的鲜味物质主要是氨基酸类物质，苦味物质是咖啡碱，涩味物质是多酚类，甜味物质是可溶性糖。红茶制造过程中多酚类的氧化产物有茶黄素和茶红素，其中茶黄素是汤味刺激性和鲜爽的主要因素，茶红素是汤味中甜醇的主要因素。

4）品茶时的精神享受

品茶不光是品尝茶的滋味，而是在了解茶的知识和文化的同时，提高品茶者的自身修养，并增进茶友之间的感情。

3．收具还原

做事要有始有终，茶艺过程的最后一项工作就是整理、清洁茶具。收具要及时，过程要有序，清洗要干净，不能留有茶渍。特别注意的是，茶具要及时进行消毒处理，并摆放整齐有序。

第二节　绿茶的冲泡

绿茶是我国最早发现和使用的茶，因其茶汤呈碧绿而叶底呈翠绿而得名。绿茶以"色绿、形美、香郁、味醇"四绝著称，清朝陆次云说："龙井茶，真者甘香而不冽，啜之淡然，似乎无味，饮过之后，觉有一股太和之气弥留于齿颊之间，此无味之味乃至味也。"所以冲泡绿茶一定要掌握绿茶的特点，通过技法把绿茶的特点表现出来。

一、绿茶冲泡的基本方法

绿茶的产地、种类繁多，有益于健康，被称为21世纪的绿色饮料，深受人们喜爱。

1. 冲泡前的准备工作

（1）茶品介绍：介绍有关绿茶的产地、名茶文化、品质特征等。

（2）茶具：名优绿茶选用玻璃杯、盖碗；普通绿茶可选用提梁壶。

（3）选水：绿茶对水质要求较高，以矿泉水、纯净水为宜。

（4）根据茶品确定冲泡程序。

（5）讲述绿茶与健康的关系（利尿、助消化、营养作用、解毒、防辐射等）。

2. 冲泡技巧

冲泡绿茶时，一般有三种方法，根据茶叶的特征进行冲泡，如表4-1所示。

表4-1　绿茶的冲泡方法

泡茶法	适用茶品	代表茶	泡茶过程
上投法	细嫩绿茶	碧螺春	烫杯→注水（7/10杯）→投茶（均匀投放）
中投法	松散绿茶	黄山毛峰	烫杯→注水（1/4杯）→投茶→温、润、泡→注水（7/10杯）
下投法	紧结绿茶	西湖龙井	烫杯→投茶→注水（1/4杯）→温、润、泡→注水（7/10杯）

二、绿茶的冲泡程序及具体要求

具体而言，绿茶的冲泡程序和具体要求如下。

1. 备具

将三只玻璃杯杯口向下置杯托内，成直线状摆在茶盘斜对角线位置（左低右高）；茶盘左上方摆放茶样罐；中下方置茶巾盘（内置茶巾），上叠放茶荷及茶匙；右下角放水壶。摆放完毕后覆以大块的泡茶巾（防灰、美观），置桌面备用。

2. 备水

尽可能选用清洁的天然水或瓶装泉水。急火煮水至沸腾，冲入热水瓶备用。泡茶前先用少许开水温壶，再倒入煮开的水。这点在气温较低时十分重要，用温热后的水壶贮水可避免水温下降过快（开水壶中水温应控制在85℃左右）。

3. 布具

冲泡者揭去泡茶巾，并将其叠放在茶盘右侧桌面上；双手（在泡茶过程中强调双手操作，一则显得稳重，二则表示敬意）将水壶移到茶盘右侧桌面；将茶荷、茶匙摆放在茶盘后方左侧，茶巾盘放在茶盘后方右侧；将茶样罐放到茶盘左侧上方桌面上；用双手按从右到左的顺序将茶杯翻正。

4. 观茶

对细嫩名优绿茶，在泡饮之前，通常要进行观茶。观茶时，先取一杯之量的干茶，置于白纸上或茶荷上，让品饮者先欣赏干茶的色、形，再闻一下香，充分领略名优绿茶的天然风韵。对普通绿茶，一般可免去观茶这一程序。或者倾斜旋转茶叶罐，将茶叶倒入茶则。用茶匙把茶则中的茶叶拨入赏茶盘，欣赏干茶成色、嫩匀度，嗅闻干茶香气。

5. 温杯

将开水倒至杯中1/3处，右手拿杯旋转将温杯的水以"滚杯"的手法倒入茶船中。温杯的目的是防止冲泡热水时冷热悬殊，在冬天尤显重要，利于茶叶冲泡。温杯既清洁了用具，又增添了饮茶的情趣。

6. 置茶

用茶匙将茶荷中的茶拨至玻璃杯中。茶水比例一般为1∶50，或根据个人需要而定。冲泡绿茶的茶杯一般容量为150毫升，用茶量在3克左右（置放相当于容器1/5的茶量）。

7. 浸、润、泡

对名优绿茶的冲泡，视茶的松紧程度，一般可以采用上投法、中投法和下投法三种方式冲泡，在采用下投法和中投法冲泡时，提壶以回转手法将水沿杯壁冲入杯中，水量为杯子容量的1/4左右，目的是使茶叶吸水舒张，促使茶汁析出。浸、润、泡时间为20～60秒，时间的长短可根据茶叶的紧结程度而定。

8. 摇香

放下水壶，左手托住茶杯杯底，右手轻握杯身基部，运用右手手腕逆时针转动茶杯，左手轻搭杯底做相应运动，回转三圈，此时杯中茶叶吸水，开始散发出香气。摇毕可依次将茶杯奉给来宾，敬请品评茶之初香。随后依次收回茶杯。

9. 冲泡

双手取茶巾，斜放在左手手指部位，右手执水壶，左手以茶巾部位托在壶底，双手用"凤凰三点头"（即将水壶下倾、上提三次）手法，冲水入杯内至总容量的七分左右。不用茶巾时，左手半握拳搭在桌沿，右手执水壶，单手用凤凰三点头手法冲泡。经过三次"高冲"，利用水的冲力使杯内茶叶上下翻动，以使杯中茶汤浓度均匀。冲泡过程，要求水壶高悬，使水流有冲击力，并有曲线美。冲泡水量控制在总容量的七分，一则避免奉茶时溢洒的窘态，二则民间向来有"浅茶满酒"之说，意为"七分茶、三分情"，以示礼节，对客人到来表示欢迎。

10. 敬茶

冲泡后尽快将茶递给客人，以便及时闻香品尝，避免茶叶过久浸泡在水中，失去应有风味。双手将泡好的茶依次敬给来宾，这是宾主融洽交流的过程，敬茶者行伸掌礼请用茶，接茶者点头微笑表示谢意，或答以伸掌礼。

11. 赏茶

高档名优绿茶在冲泡过程中，品饮者可看见杯中汤色清澈明亮，叶底嫩绿，匀齐成朵，还可以看见茶的展姿、茶汤的变化、茶烟的弥散，以及最终茶与汤的成像，领略茶的天然风姿。杯中的热水如春波荡漾，在热水的浸泡下，龙井茶慢慢地舒展开来，尖尖的茶芽如枪似剑，展开的叶片如旗。一芽一叶的称为"旗枪"，一芽两叶的称为"雀舌"，展开茶芽簇立在杯底，在清碧澄净的水中或上下浮沉，或左右晃动，栩栩如生，宛如春兰初绽，又似生命的绿精灵在水中舞蹈，这个特色程序又称"杯中看茶舞"，生动有趣。

12. 品饮

品饮龙井茶要一看、二闻、三品味。看过杯中茶舞之后，再来闻香，龙井茶的香气清高持久，香馥若兰。闻香之后，浅啜一口，让茶汤在嘴内回荡，与味蕾充分接触，然后徐徐咽下，并用舌尖抵住齿根并吸气，回味茶的甘甜，温香软玉如含婴儿舌，深深吸一口气，茶汤由舌尖温至舌根，轻轻的苦、微微的涩，然而细品却似甘露。细细品缀，寻求其中的茶香与鲜爽、滋味的变化过程，以及甘醇与回味的韵味。

13. 续水

敬茶者应该留意，当品饮者茶杯中只余1/3左右茶汤时，就该续水了。续水前应将水壶中未用尽的温水倒掉，重新注入开水。温度高一些的水才能使续水后茶汤的温度仍保持在80℃左右，同时保证第二泡的浓度。一般每杯茶可续水两次，或应来宾的要求而定，续水仍用凤凰三点头手法。

14. 复品

名优绿茶的第二、三泡，如果冲泡者能将茶汤浓度与第一泡保持相近，则品者可进一步体会甘甜回味，当然鲜味与香味略逊一筹。第三道茶淡若微风，静心体会，这个淡绝非寡淡，而是冲淡之气的淡。

绿茶冲泡，一般以2～3次为宜。若要再饮，应重新冲泡为好。

15. 净具

每次冲泡完毕，应将所用茶器具收放原位，对茶壶、茶杯等使用过的器具一一清洗，提倡使用消毒柜进行消毒，这点对营业性茶艺馆而言更为重要。净具毕，盖上泡茶巾以备下次使用。

三、冲泡绿茶的讲究

绿茶在色、香、味上，分别讲究嫩绿明亮、清香、醇爽。绿茶的冲泡看似简单，其实不然。因绿茶不经发酵，保持了茶叶本身的鲜嫩，冲泡时略有偏差就会使茶叶泡老闷熟，茶汤黯淡，香气沌浊。此外，又因绿茶品种最丰富，每种茶，由于形状、紧结程度和鲜叶老嫩程度不同，冲泡的水温、时间和方法都有差异，所以没有多次实践，难以泡好一杯绿茶。

1. 用水

水质能直接影响茶汤的品质，古人云："茶性发于水，八分之茶，遇十分之水，茶亦十分矣；八分之水，遇十分之茶，茶只八分"。茶圣陆羽在茶经中也说道："山水上，江水中，井水下"，终不过是要求水甘而洁、活而新。从理论上讲，水的硬度直接影响茶汤的色泽和茶叶有效成分的溶解度，硬度高，则色黄褐而味淡，严重的会味涩以致味苦。此外，劣质水不仅无法沏出好茶，长期使用还会生成严重水垢，损坏茶具。所以泡茶用水应是软水或处理过的硬水。

一般来说，以泉水为佳，洁净的溪水、江水、河水亦可，井水则要视地下水源而论。至于雨水和雪水，由于受环境污染，不值得推崇。茶艺馆也多用矿泉水或蒸馏水；那些依山傍水的地方，则可汲取山上泉水，如杭州虎跑泉、广州白云山的泉水；一般家庭使用滤水器过滤后的水，也勉强可用。

2. 水温

古人对泡茶水温十分讲究，特别是在饼茶、团茶时期，控制水温是泡茶的关键。概括起来，烧水要大火急沸，刚煮沸起泡为宜。水老、水嫩都是大忌。水温通过对茶叶成分溶解程度的大小来影响茶汤滋味和茶香。

绿茶用水温度，应视茶叶质量而定。高级绿茶，特别是各种芽叶细嫩的名优绿茶，以80℃左右为宜。茶叶越嫩绿，则水温越低。水温过高，易烫熟茶叶，使茶汤变黄，滋味较苦；水温过低，则香味低淡。至于中、低档绿茶，则要用90～95℃的沸水冲泡，如果水温低，则渗透性差，茶味淡薄。

需要说明的是，高级绿茶用80℃的水温，通常是指水烧开后再冷却至该温度；若是处理过的无菌生水，只要烧到所需温度即可。

3. 茶叶用量

茶叶用量并没有统一标准，应视茶具大小、茶叶种类和饮者喜好而定。一般来说，冲泡绿茶，茶与水的比例大致是1∶60～1∶50。严格的茶叶评审，绿茶是用150毫升的水冲泡3克茶叶。

茶叶用量主要影响滋味的浓淡，这取决于饮者的习惯。初学者可尝试不同的用量，找到最喜欢的茶汤浓度。

4. 茶具

高档、细嫩的名优绿茶，一般选用玻璃杯或白瓷杯，而且无须用盖，一则增加透明度，便于赏茶观姿；二则防嫩茶泡熟，失去鲜嫩色泽和清鲜滋味。至于普通绿茶，因不在欣赏茶趣，而在解渴，或饮茶谈心，或佐食点心，或畅叙友谊，故也可选用茶壶泡茶，这叫"嫩茶杯泡，老茶壶泡"。根据品饮人数准备好茶杯、碗，以及茶叶罐、茶则、茶匙、赏茶盘、茶巾、烧水壶。通过玻璃杯冲泡名茶，如西湖龙井、碧螺春、君山银针等细嫩绿茶，可观察到茶叶在水中缓缓舒展、游动、变幻。特别是一些银针类，冲泡后芽尖冲向水面，悬空直立，然后徐徐下沉，如春笋出土，似金枪林立。上好的君山银针，可三起三落，极为美妙。

一般来说，冲泡条索比较紧结的绿茶，如珠茶、眉茶可以使用盖碗。好的白瓷，可充分衬托出茶汤的嫩绿明亮，且盖碗比较雅致，手感、触觉是玻璃杯无可比拟的。此外，由于好的绿茶不是用沸水冲泡，茶叶多浮在水面，饮茶时易吃进茶叶，如用盖碗，则可用盖子将茶叶拂至一边。总的来说，无论玻璃杯或是盖碗，均宜小不宜大，大则水多，茶叶易老。

5. 冲泡方法

绿茶的冲泡方法很多，选用哪种冲泡方法不但取决于茶叶的品种，还取决于该茶叶的鲜嫩程度。掌握好茶量与水量的比例，以及水温、冲泡时间，是冲泡绿茶的关键，也是冲泡所有茶叶的关键。如果掌握不好，不但容易失去该茶叶特有的香气和细腻的口感，而且会有苦涩感。冲泡细嫩度高的名优绿茶，茶叶与水的标准比例是50：1。依据茶叶嫩度，水温掌握在75～85℃。

冲泡绿茶时，还要根据茶叶的老嫩、叶张大小，以及含绒多寡等因素来决定注水方式。绿茶冲泡的方法由注水、投放茶叶方式的不同而分为上投法、中投法和下投法。

1）上投法

第一步：准备透明玻璃杯，置入适量、适温的开水后，投入3克左右的绿茶。

第二步：静待茶叶徐徐下沉。

第三步：茶叶在杯中逐渐伸展，上下沉浮，汤明色绿。

第四步：欣赏茶叶起浮及舒展的过程。

第五步：待茶叶完全下沉后即可品饮。

这种泡法又称"落英缤纷"，适用于茶芽细嫩、紧细重实的茶叶，如洞庭碧螺春、平水珠茶、涌溪火青、都匀毛尖、君山银针、蒙顶甘露、径山茶、苍山雪绿、庐山云雾等。它的优点在于让茶芽避免水流激荡，自然与水浸润，使茶汤细柔、爽口、甘甜。

2）中投法

第一步：准备透明玻璃杯，先置入适温开水约1/3，投入3克左右的绿茶，轻轻摇晃使茶叶与水初步浸润，静待茶叶慢慢舒展。

第二步：待茶叶舒展后，再向杯中注满七分水，使茶叶与水充分浸润。

第三步：茶叶完全下沉后即可饮用。

这种方法适用于茶芽细嫩、叶张扁平、毫多而易浮于水面的茶叶，如持嫩度高的西湖龙井、黄山毛峰等。

3）下投法

第一步：准备透明玻璃杯，投入3克左右的绿茶，加入少许适温开水。

第二步：拿起冲泡的玻璃杯，徐徐摇动，使茶叶完全濡湿，并让茶叶自然舒展。

第三步：待茶叶稍为舒展，约30秒后沿杯边注水至七分满，盖碗则将盖子反过来贴在茶杯的一边，将水注入盖子，使其沿杯边而下。然后微微摇晃茶杯，使茶叶充分浸润，此时茶香高郁，不能品饮，却是闻香的最好时候。

第四步：等待茶叶溶出茶汤后即可饮用。

这种方法适用于叶张扁平或宽大的茶叶，如持嫩度适中的西湖龙井、太平猴魁、四川竹叶青、六安瓜片、黄山毛峰、舒城兰花等。

阅读欣赏

碧螺春（上投法）茶艺表演解说词

1．器皿选择

玻璃杯四只，电随手泡一套，木茶盘一个，茶荷一个，茶道具一套，茶池一个，茶巾一条，香炉一个，香一支。

2．基本程序

1）点香——焚香通灵

2）洁器——仙子沐浴

3）凉水——玉壶含烟

4）赏茶——碧螺亮相

5）注水——雨涨秋池

6）投茶——飞雪沉江

7）观色——春染碧水

8）闻香——绿云飘香

9）品茶——初尝玉液

10）再品——再啜琼浆

11）三品——三品醍醐

12）回味——神游三山

3．解说词

"洞庭无处不飞翠，碧螺春香万里醉。"烟波浩渺的太湖包孕吴越，太湖洞庭山所产的碧螺春集吴越山水的灵气和精华于一身，是我国历史上的贡茶。新中国成立之后，被评为我国的十大名茶之一，现在就请各位嘉宾来品尝这难得的茶叶瑰宝，并欣赏碧螺春茶艺。这套茶艺共十二道程序。

1）焚香通灵

我国茶人认为"茶须静品，香能通灵"。在品茶之前，首先点燃这支香，让我们的心平静下来，以便以空明虚静之心，去体悟这碧螺春中所蕴涵的大自然的信息。

2）仙子沐浴

今天我们选用玻璃杯来泡茶。晶莹剔透的茶杯好比是冰清玉洁的仙子，"仙子沐浴"即再清洗一次茶杯，以表示我对各位的崇敬之心。

3）玉壶含烟

冲泡碧螺春只能用80℃左右的开水，在烫洗了茶杯之后，不用盖上壶盖，而是敞着壶，让壶中的开水随着水的蒸发而自然降温。请看这壶口蒸汽氤氲，所以这道程序称为"玉壶含烟"。

4）碧螺亮相

"碧螺亮相"即请大家传递鉴赏干茶。碧螺春有"四绝"——"形美、色艳、香浓、味醇"，赏茶是欣赏它的第一绝："形美"。生产一斤特级碧螺春约须采摘七万个嫩芽，你看它条索纤细、卷曲成螺、满身披毫、银白隐翠，多像民间故事中娇巧可爱且羞答答的田螺姑娘。

5）雨涨秋池

唐代李商隐的名句"巴山夜雨涨秋池"是个很美的意境，向玻璃杯中注水，水只宜注到七分满，留下三分装情。

6）飞雪沉江

用茶匙将茶荷里的碧螺春依次拨到已冲了水的玻璃杯中去。满身披毫、银白隐翠的碧螺春如雪花纷纷扬扬飘落到杯中，吸收水分后即向下沉，瞬时间白云翻滚，雪花翻飞，煞是好看。

7）春染碧水

碧螺春沉入水中后，杯中的热水溶解了茶里的营养物质，逐渐变为绿色，整个茶杯好像盛满了春天的气息。

8）绿云飘香

碧绿的茶芽，碧绿的茶水，在杯中如绿云翻滚，氤氲的蒸汽使得茶香四溢，清香袭人。这道程序是闻香。

9）初尝玉液

品饮碧螺春应趁热连续细品。头一口如尝玄玉之膏、云华之液，感到色淡、香幽、汤味鲜雅。

10）再啜琼浆

再啜琼浆，这是品第二口茶。二啜感到茶汤更绿、茶香更浓、滋味更醇，并开始感到了舌本回甘，满口生津。

11）三品醍醐

醍醐直译是奶酪。在佛教典籍中用醍醐来形容最玄妙的"法味"。品第三口茶时，我们所品到的已不再是茶，而是在品太湖春天的气息，在品洞庭山盎然的生机，在品人生的百味。

12）神游三山

古人讲茶要静品、茶要慢品、茶要细品，唐代诗人卢仝在品了七道茶之后写下了传颂千古的《茶歌》，写道："五碗肌骨清，六碗通仙灵，七碗吃不得也，唯觉两腋习习清风生。"在品了三口茶之后，请各位嘉宾继续慢慢地自斟细品，静心去体会七碗茶之后"清风生两腋，飘然几欲仙。神游三山去，何似在人间"的绝妙感受。

【小知识】

"旗枪"与"雀舌"

冲泡龙井茶时，在热水的浸泡下，龙井茶芽慢慢地舒展开来，尖尖的茶芽如枪，展开的叶片如旗。一芽一叶的，芽如长樱，叶如旗面，故而称之为"旗枪"；一芽两叶的，两片叶子如同麻雀的上下两片嘴，中间的芽心如同麻雀的舌头，故而称之为"雀舌"。

"凤凰三点头"

高提水壶，让水直泻而下，接着利用手腕的力量，上下提拉注水，反复三次，让茶叶在水中翻动。这一冲泡手法，雅称"凤凰三点头"。"凤凰三点头"最重要的在于轻提手腕，手肘与手腕平，便能使手腕柔软有余地。

"凤凰三点头"不仅是为了泡茶本身的需要，为了显示冲泡者的姿态优美，更是中国传统礼仪的体现。三点头像是对客人鞠躬行礼，是对客人表示敬意，同时也表达了对茶的敬意，是茶艺中的一种传统礼仪。

"凤凰三点头"寓意三鞠躬，表达主人对客人有敬意善心，因此手法宜柔和，不宜刚烈。水注三次冲击茶汤，更多激发茶性，是为了泡好茶。不能以表演或做作心态去对待，要心神合一，做到更佳。

第三节　花茶的冲泡

花茶属于再加工茶，又称香片。花茶是诗一般的茶，融茶之韵与花之香于一体，通过茶引花香，花增茶味，使花香、茶味珠联璧合，相得益彰，既保持了浓郁爽口的茶味，又有鲜灵芬芳的花香。冲泡品啜，花香袭人，满口甘芳，令人心旷神怡。品饮花茶，重在欣赏香气，但高档的花茶也有较高的观形价值。通过观形、闻香、尝味，方能品饮出花茶那诗一般的特有风韵。

花茶冲泡的具体方法和程序如下。

1. 备具

将三套盖碗（又称"三才杯"，即盖为天、托为地、碗为人）成三角状摆在茶盘中心位置，近泡茶者处略低，盖与碗内壁留出一小隙；茶盘内左上方摆放茶箸、匙筒；盖碗右下方放茶巾盘（内置茶巾）；水盂放在茶盘内右上方；开水壶放在茶盘内右下方，预先注少许热水温壶。摆放完毕后覆以大块的泡茶巾，置桌面备用。

待来宾选点花茶后，将消毒后的茶具摆置好，双手捧至来宾就坐桌面的一端。

2. 布具

分宾主落座后，泡茶者揭去泡茶巾，折叠放在茶盘右侧靠后桌面；将茶样罐、茶箸、匙筒等移放至茶盘左侧桌面；开水壶放在茶盘右侧前方桌面，水盂放在开水壶后面；将茶巾盘（内有茶巾）移至茶盘后方右侧桌面。茶盘内现仅余三套盖碗，将之稍做调整，分散但仍成三角形摆放。分散摆放不但美观，而且揭开盖子搁靠在杯托一侧后，彼此不会磕碰。

3. 备水

将开水壶中温壶的水倒入水盂，冲入刚煮沸的开水。另用热水瓶存开水，放在旁边备用。

4. 温盖碗

将盖碗温热的手法如下。

（1）揭盖冲水：左手食指按住盖纽中心下凹处，大拇指及中指扣住盖纽两侧轻轻提起，使碗盖左高右低悬于碗上方；右手提开水壶用回转手法向碗内注水，至总容量的1/3后提腕断流，开水壶复位的同时左手将盖放回盖好。

（2）烫碗：右手将"三才杯"拿起交于左手，左手托住碗托，右手拇指和食指按住盖纽，按逆时针的方向旋转"三才杯"，以使杯身全部清洗和达到均匀受热的目的。

（3）开盖：左手提盖（手法同前揭盖），同时向内转动手腕（即左手顺时针、右手逆时针）回转一圈，将碗盖按抛物线轨迹搁放在托碟左侧。如果是右手提盖，则将之搁放在托碟右侧。

（4）弃水：右手虎口分开，大拇指与食指、中指搭在盖碗身两侧基部，左手托在碗左侧底部边缘，双手端起盖碗至水盂上方；右手腕向内转，令碗口朝左，边旋转边倒水。倒毕，盖碗复位。

5. 置茶

用茶匙从茶样罐中取茶叶，直接投放盖碗中，通常150毫升容量的盖碗投茶2克。

6. 冲泡

水温宜控制在90～95℃。用单手或双手回旋冲泡法，依次向盖碗内注入约1/4容量的开水；再用"凤凰三点头"的手法，依次向盖碗内注水至七分满。如果茶叶是类似珍珠形状不易展开的，则应在回旋冲泡后加盖，用"摇香"的手法令茶叶充分吸水浸润；然后揭盖，再用"凤凰三点头"的手法注开水。

7. 示饮

考虑盖碗使用的非普及性，泡者不妨先示范饮茶动作，让不太了解盖碗正确持饮方法的来宾有个初步印象，避免尴尬。女士双手将盖碗连托端起，摆放在左手前四指部位（此时左手如同捧一捧水似的），右手腕向内一转搭放在盖碗上，用大拇指、食指及中指拿住盖纽，向右下方轻按，令碗盖左侧盖沿部分浸入茶汤中；复再向左下方轻按，令碗盖左侧盖沿部分浸入茶汤中；接着右手顺势揭开碗盖，将碗盖内侧朝向自己，凑近鼻端左右平移，嗅闻茶香；然后撇去茶汤表面浮叶（动作由内向外共三次），边撇边观赏汤色；最后将碗盖左低右高斜盖在碗上（盖碗左侧留一小隙）。赏茶已毕，开始品饮时，右手虎口分开，大拇指和中指分搭盖碗两侧碗沿下方，食指轻按盖纽，提盖碗向内转90º（虎口必须朝向自己，这样饮茶时手掌会将嘴部掩住，显得高雅），从小隙处小口啜饮。端托碟的左手与提盖的右手无名指与小指可微微外翘呈兰花指状。男士用盖碗喝茶可用单手，左手半握拳搭在左胸前桌沿上，不用端起托碟；右手饮茶手法同女士。

8. 奉茶

双手连茶托端起盖碗，将泡好的茶依次敬给来宾，并行伸掌礼请来宾用茶；接茶者宜点头微笑或答以伸掌礼表示谢意。

9. 品饮

品饮手法同上文"示饮"，闻香、观色、啜饮。动作要舒缓、轻柔，不能随意将盖子一揭，拿起盖碗来饮。以茶解渴时，当然不必讲究动作。

10. 续水

盖碗茶一般续水两次，也可按来宾要求而定。泡茶者用左手大拇指、食指、中指拿住碗盖提纽，将碗盖提起并斜挡在盖碗左侧；右手提开水壶高冲低斟向盖碗内注水。即使有少量开水溅出，也会被碗盖挡住。续水毕，饮者复品。

11. 净具

每次冲泡完毕，应将所用茶器具收放原位，对茶壶、茶杯等使用过的器具一一清洗。

【小知识】

花 茶 三 品

花茶三品中的头品为"目品"，即观察鉴赏花茶。第二品为"鼻品"，即闻香。闻香时，"三才杯"的天、地、人不可分，应用左手端起杯托，右手轻轻地将杯盖掀开一条缝，从缝隙中去闻香。闻香时，主要闻三度：一闻香气鲜灵度；二闻香气浓郁度；三闻香气纯正度。最后一品为"口品"，在品茶时依然是天、地、人三者不可分离，依然是用左手托杯，右手将杯盖的前沿下压，后沿翘起，然后从开缝中品茶。品茶时应小口喝入茶汤，使茶汤在口腔中稍微停留，这时轻轻用口吸气，使茶汤在舌面流动，以便茶汤与味蕾充分接触，更精细地品悟出茶韵。然后闭紧嘴巴，用鼻腔呼气，使茶香直贯脑门。

茉 莉 花 茶

茉莉花茶，花茶中之名品，是用含苞欲放的茉莉鲜花加入绿茶中制成的。用不同的绿茶品种做茶胚，例如，龙井茶，用茉莉花去窨制的，就叫龙井茉莉花茶；用玫瑰花朵去窨制的，就叫龙井玫瑰花茶，以此类推。茉莉花茶，有"在中国的花茶里，可闻春天的气味"之美誉。

第四节　红茶的冲泡

红茶饮用广泛，这与红茶的品质特点有关。按花色品种而言，有功夫饮法和快速饮法之分；按调味方式而言，有清饮法和调饮法之分；按茶汤浸出方式而言，有冲泡法和煮饮法之分。但不论何种方法饮茶，多数都选用茶杯来冲（调）饮，只有少数（如冲泡红碎茶或片末茶）选用壶来冲饮。现将红茶饮法介绍如下。

一、红茶的冲泡方法

红茶茶量投放与绿茶相同。茶具用玻璃杯、瓷杯或宜兴紫砂茶具均可。中、低档功夫红茶、红碎茶、片末红茶等，一般用壶冲泡。冲泡中不加调料的，叫"清饮"；添加调料的，叫"调饮"。中国绝大多数地方饮红茶是清饮，在广东一些地方也采用调饮，有特殊风味，营养价值也高。

1. 冲泡红茶的要素

（1）茶具选择。尽量使用材质为瓷质、紫砂、玻璃的茶具。

（2）冲泡之前先要烫杯。用沸水烫温茶杯、茶壶等茶具，以保持红茶投入后的温度。

（3）掌握好茶叶的投放量。投茶量因人而异，也要视不同饮法而有所区别。

（4）控制冲泡水温和浸润时间，冲泡的开水以95 ~ 100℃的水温为佳。浸泡时间视茶叶粗细、档次而定。

（5）将泡好的红茶倒入杯中一般要用过滤器，以滤除茶渣。

（6）红茶泡好后不要久放，放久后茶中的茶多酚会迅速氧化，茶味变涩。

（7）浸润红茶不能单凭茶色来判断，因为不同种类的茶叶，颜色会稍有不同，而且色泽会随冲泡时间的长短而改变。一般是细嫩茶叶冲泡时间短，约2分钟；中叶茶冲泡时间约为2.5分钟；大叶茶冲泡时间约为3分钟，这样茶叶才会变成沉稳状态。

（8）调制牛奶红茶。配制方法：先将适量红茶放入茶壶中，茶叶用量比清饮稍多些，然后冲入热开水，约5分钟后，从壶嘴倒出茶汤放在咖啡杯中；如果用红茶袋泡茶，则可将袋茶连袋放在咖啡杯中，用热开水冲泡5分钟，弃去茶袋。然后往茶杯中加入适量牛奶和方糖，牛奶用量以调制成的奶茶呈橘红、黄红色为度。

奶量过多，汤色灰白，茶香味淡薄；奶量过少，失去奶茶风味。糖的用量因人而易，以适口为度。

2. 祁门红茶的冲泡

泡茶用具：茶船、玻璃茶壶（盖瓯或瓷壶均可）、玻璃公道壶、白瓷杯、随手泡、茶叶罐、茶巾、茶荷、茶具组（茶则、茶夹、茶漏、茶匙、茶针）。

1）温具

将开水倒至壶中，再转注至公道壶和品茗杯中。温杯的目的是因为稍后放入茶叶冲泡热水时，不致杯子冷热悬殊。

2）盛茶

用茶则盛取茶叶，拨至茶荷中供赏茶。

3）置茶

用茶匙将茶叶拨入壶内。

4）冲泡

向杯中倾入90～100℃的开水，提壶用回转法冲泡，尔后用直流法，最后用"凤凰三点头"的手法冲至满壶。若有泡沫，可用左手持壶盖，由外向内撇去浮沫，加盖静置2～3分钟。

5）出汤

将茶汤斟入公道壶中。

6）分茶

将公道壶中的茶汤一一倾注到各个茶杯中。

7）品茶

3. 袋泡红茶的冲泡

（1）与祁门红茶一样先进行烫杯、洁具，然后在预热过的杯中放袋泡红茶，标签放在杯外，用约95℃左右的开水冲泡。

（2）加盖闷浸，浸泡时间视茶叶而定，40～90秒。

（3）抖动袋泡茶数次后，取出袋泡茶，一杯汤色红艳、甘香四溢的袋泡红茶就泡好了。

注意：红茶包不要在茶汤中浸泡太久，否则茶汤会失去香味，变涩。

二、冲泡红茶应注意的事项

泡一壶好茶要注意茶叶、水、温度、时间、茶具等，只要将这些要素把握好，就能冲泡出一壶好茶。

1. 茶叶好，茶量适中

要冲泡一壶好茶，选择高品质的茶叶是必要的。基本上，冲泡一杯红茶用2茶匙、约6克的茶叶，以150～200毫升的热水冲泡；冲泡时置入的茶叶量为每人1茶匙。条形茶可冲泡3次左右，碎茶或茶袋只能冲泡一次，二次冲泡时香味和茶汤已基本消失。

2. 水质与水温

自古饮茶都注重水质，好的水可以让好茶更充分地发挥其甘醇美味。一般说来，无色、无味且含氧量高的水最适合泡茶。茶圣陆羽认为泉水是最好的泡茶用水。市售的矿泉水也可代替。自来水由于添加了氯，宜在大容器中静置一夜，等氯气散尽再用以煮沸。此外，煮水时最好是以一次沸腾为限，最好避免使用二次沸腾的水。

冲茶的水温要在90～100℃，如果是娇嫩的祁红、滇红或大吉岭等，温度可以低一些。一般的做法是让水沸腾后，熄火稍待片刻再进行冲泡。等待时间视茶叶的嫩度和室温而定。另一方便之法为"高冲法"，即将热水壶高举，如此注入壶中时，会有一段缓冲，可有效降温。

3. 冲泡时间

要冲泡出一壶好茶，泡好后的茶叶要与茶汤分离，此时冲泡时间的掌握就显得很关键。如果冲泡时间过久，茶叶中的单宁酸和儿茶素就会全部释放出来，使茶汤变得苦涩；反之，冲泡时间过短，茶叶中的氨基酸释放量不足，则泡不出红茶的香甜，茶汤中会明显带有水味。

一般冲泡时间为3分钟，但视茶叶而定，细碎者时间短些，2～2.5分钟，如祁门功夫红茶；完整叶片者时间略长些，3.5～4分钟，如英红九号。如果不以时间控制，也可根据茶汤的色泽来判断，只要茶汤颜色适当，就可以泡出一杯好茶。由于不同的茶叶茶汤色泽不同，必须凭经验来加以判断，但大体来说，茶汤要明亮清澈、色泽漤滟，不可有浑浊状。

往壶中倒入热水时，尽量不要从正中央注入，让水柱稍微偏斜于壶口一侧，有助于让茶叶在壶中漂亮地旋转，激荡出美妙的香气。

4. 茶具

红茶诱人的香气主要是借助热气散发出来的。煮沸的水如果直接注入冰冷的茶壶，泡好后再倒入冰冷的茶杯，热度会大为降低，香味就不能很好地挥发出来。故在冲泡前，应先将茶壶以热水烫过，并在茶杯中盛以热水，待茶叶快冲泡好时，将杯中的水倒掉，再注入泡好的茶汤。茶壶内若还有茶尚未倒出，则最好套以保温罩以维持茶温，尤其是在秋冬饮茶时，茶温瞬间即降，保温罩是必备的器具。

三、冲泡红茶的其他注意事项

（1）将新鲜的冷水注入煮水壶里煮沸。因为水龙头流出来的水饱含了空气，可以将红茶的香气充分导引出来，而隔夜的水、二度煮沸的水或保温瓶内的热水，都不适合来冲泡红茶。

（2）注入正滚沸的开水，以渐歇的方式温壶及温杯，避免水温变化太大。一般茶壶的造型，都有一个矮胖的圆壶身，是为了让茶叶在冲泡时有完全伸展及舞动的空间。

（3）谨慎斟酌茶叶量。冲泡浓茶，每人用1茶匙的量，约2.5克，但是想要泡出好红茶，建议最好用2茶匙的量，约5克，可以冲泡成2杯，能较充分发挥红茶香醇的原味，也能享受到续杯的乐趣。

（4）将滚水注入壶里泡茶。水开始沸腾之后约30秒的时间，水花形成像一元硬币大小的圆形时冲泡红茶，最为适合。

（5）静心等候正确的冲泡时间。因为快速的冲泡是无法完全释出茶叶的芳香，一般专业的茶罐上，都会标示出茶叶的浓度大小（Strength，即强度），这关乎到茶叶冲泡、闷的时间。例如，浓度分为1～4级，1为最弱，4为最强，冲泡时间则是从2分钟到3分半，依次递减。

（6）将壶内冲泡好的茶汤，倒入你喜爱的茶杯中。茶杯虽有各种不同的造型，但一般而言，都是底较浅而杯口较宽的，这样既可以让饮茶人充分享受到红茶的芳香，还可以欣赏到迷人的茶色。

（7）依个人口味加入适量的糖或牛奶。若是选择喝纯红茶，所注重的完全就是红茶的本色与原味。而奶茶用的茶叶一般而言口味较重，并带有一些涩味，但是加入浓郁的牛奶之后，涩味会降低而且口感也变得丰富一些。

第五节　乌龙茶的冲泡

中国功夫茶茶艺按照地区及民俗可分为潮汕、台湾、闽南和武夷山四大流派。至于为什么把乌龙茶茶艺称为功夫茶，有不同的说法。有的说是因为乌龙茶的制作工序复杂，制茶极费功夫；有的说是因为乌龙茶要细啜慢饮，冲泡时也颇费功夫；有的说乌龙茶最难泡出水平。不管是哪种说法，都只有下功夫，才能学到冲泡功夫茶的"真功夫"。下面我们着重介绍潮汕功夫茶、台湾功夫茶和闽南功夫茶三种茶艺的冲泡方法和技巧。

一、乌龙茶的冲泡技艺

1. 潮汕功夫茶茶艺

潮汕功夫茶茶艺，多为师承或在家族代代相传，风格迥异。最基本的服务程序为列器备茶→煮水候汤→烫壶温盅→干壶置茶→烘茶冲点→烫杯、洗杯→刮顶淋眉→摇壶低斟→品香审韵→涤器、撤器。

1）列器备茶

列器，即有序地将整套茶具陈列到茶桌上。需要准备的茶具有四宝。

（1）一个倾倒洗壶、洗杯余水的茶池。

（2）一个盛放茶杯的杯盘。

（3）一个盛放茶壶的茶盘。

（4）几条茶巾。

备茶，是指选择待客用茶。泡功夫茶必须用乌龙茶，如果想要喝出地道的潮汕风情，最好能选用潮汕产的"凤凰单丛"或潮州市饶平县产的"岭头单丛"。

2）煮水候汤

列器备茶后，泡茶者宜静气宁神端坐。右腿上放一块包壶用巾，左腿上放一块擦杯白巾，然后点火煮水候汤。

3）烫壶温盅

将滚沸的开水冲入空茶壶（孟臣罐）中，待其表面水分蒸发后再把茶壶中的水注入茶盅（公道杯）内。应注意的是，不要马上倒掉茶盅里的热水，应留着温盅洗杯。

4）干壶置茶

泡潮汕功夫茶，用干温润法，即将茶放进干热的茶壶中烘温。干壶时，先持壶把，口朝下在右腿的茶巾上拍打，水滴尽后，再放松手腕轻轻甩壶，向摇扇一样，手腕要柔，直至壶中水完全干燥为止。

潮式置茶，是用手抓茶放进茶壶，靠手腕的感觉来判断茶的干燥程度，以便确定烘茶时间。置茶时，先将茶从茶罐中倾于素纸上，再分辨粗细。取最粗者填壶底滴口处，次用细末填于中层，稍粗之茶撒在其上，这样可使茶汁浸出均匀，又可免于茶汤有碎茶倾出。用茶量视乌龙茶品种而定。大致来说，半球形乌龙茶，条索卷结，间隙小，用茶量以壶或瓯的五六分满即可；松散形乌龙茶，条索松直，空隙大，置茶以容器的九分满为宜。此外，整茶的空隙比碎茶大，因此，用茶量相对要大。实践表明，用茶量的多少至关重要，它关系到茶汤的香气和滋味。

5）烘茶冲点

置茶入壶后，若在抓茶时，感觉茶叶未受潮，不烘也可以，若有受潮，则可多烘几次。烘茶不是用火烤茶，而是用沸水浇淋茶壶，靠水温来烘茶。烘茶能使茶的陈味、霉味散尽，香气上扬且有新鲜感。烘茶后，把茶壶从池中提起，用壶布包住用力摇动，使壶内的茶均匀升温，然后放入茶池中，再用沸水沿壶口缘冲入。冲水时，要做到水柱从高处冲入壶内，俗称"高冲"，要一气呵成，不可断续。高冲水是潮汕功夫茶的要诀之一，通过高冲水使茶叶在壶内旋转，这样可使热力直透壶底，茶沫上扬，有利于滋味迅速溢出，进而促使茶叶散香。

潮式所用的茶壶密封性要好，透气孔要能禁水。烘茶时，可先用水抹湿茶壶接合处，以防冲水时水渗进。

6）烫杯、洗杯

烘茶时，当客人的面用茶盅里的热水把茶杯再洗一次，以示尊敬。

7）刮顶淋眉

高冲水时，必然会使冲起的白色泡沫浮出壶口，这时随即用拇指和食指抓起盖纽，沿着壶口水平方向刮去泡沫，称为刮顶。刮顶后，立即在几秒内将壶中之水倒掉，称为洗茶，目的在于把茶叶表面尘土洗去，使茶之真味得以充分发挥。随即再向壶内冲沸水至九分满，并加盖保香。加盖后，再向壶上浇淋开水称为淋眉。提壶的外壁追热，使之内外夹攻，以保壶中有足够的温度，这样能充分逼出茶香，进而清除沾附壶外的茶沫，尤其是寒冬冲泡乌龙茶，这一程序更不可少。

8）摇壶低斟

淋眉后，把壶置于桌面的茶巾上，按住气孔，快速左右摇晃。第一泡一般摇4～6下，以后各泡顺序递减1～2下，意在使每一泡的茶汤浸出物均等。倒茶时，按住壶孔摇晃后，随即倒入茶海。一定要将茶壶中的茶汤倒干净。第一泡茶汤倒完后，就用布包裹，用力抖动，使壶内上下湿度均匀。抖壶的次数与摇次数相反。第一泡摇多抖少，往后则摇少抖多。潮式以三泡为止，其要求是，三泡的茶汤要一致，所以在泡茶过程中不可分神，三泡完成后，与客人分杯品茗。

9）品香审韵

将泡好的茶敬奉给客人后即可品香审韵。品潮汕功夫茶时，端起茶杯要先闻香，所谓"未尝甘露味，先闻圣妙香"。"品"字三个口，一般品茶也分三口。潮式泡法允许茶汤入口时苦，但绝对不能涩。上等的茶汤入口一碰舌尖，自然会感觉到有一股茶气往喉头扩散开来，过喉后感觉到爽快异常，后韵连绵不绝，回甘强烈而明显。这种好茶，潮汕人称为"有肉"的茶，因此在潮州品茶称为"吃茶"。老茶客"吃茶"，一般口中"嗒！嗒！"有声，并连声赞好，以示谢意。

潮州人泡茶不鼓励泡完一壶茶立刻再泡第二壶，说是不可"重水"。一般在品了头道茶后，可上一些有特色的点心；同时重新煮水，边吃点心边等水开后再泡第二壶。

10）涤器、撤器

潮式泡茶以三泡为止。其要求是三泡水的茶汤浓度必须一致，要求主泡人在整个泡茶过程中注意力高度集中，绝不可分神。品完三泡茶后，客人可尽杯谢茶，主人也可洗茶具和撤茶具。

2. 台湾功夫茶茶艺

台湾功夫茶服务程序为选茶、择器→温壶、温茶海→烫杯→取茶、赏茶→置茶、摇壶→闻汤前香→温、润、泡→淋壶，冲第一泡→浇壶、干壶→投汤→奉茶→闻香→品茗→再次冲泡→奉茶。

1）选茶、择器

主要茶品：冻顶乌龙茶、文山包种茶、阿里山茶。

选择茶具，以能发挥所泡茶叶之特性且简便适手为宜。台湾功夫茶茶艺采取小壶泡法，主要茶具有紫砂茶壶、茶盅、品茗杯、闻香杯、茶盘、杯托、电茶壶、置茶用具、茶巾等。将茶具一一摆好，茶壶与茶盅并排置于茶盘之上，闻香杯与品茗杯一一对应，并列而立。电茶壶置于右手边。

2）温壶、温茶海

用开水浇烫紫砂壶和茶海（又称公道杯），再次清洗器皿并提高茶壶和茶海的温度，为温、润、泡做好准备。

3）烫杯

预热茶杯，以利于茶汤香气的散发。将茶盅内的热水分别注入闻香杯中，再将闻香杯中的热水倒入品茗杯中，并倾斜浸泡在品茗杯中。

4）取茶、赏茶

用茶则从茶样罐中取出茶叶，并用茶匙将茶则中的茶叶轻轻拨入茶荷内，供来宾欣赏。取茶时，茶则不宜伤到茶叶，不能发出噪声。取出茶叶后，通过赏茶来观察干茶的外形，以了解茶性，决定置茶的分量。

5）置茶、摇壶

将干茶漏置于壶口，将茶荷的圆口对准干茶漏口，用茶匙轻拨茶叶入壶。投茶量为壶的1/2～2/3。盖上壶盖后，要双手捧壶并连续轻轻地前后摇晃三四下，以促进茶香散开，这样，开泡后的茶香更容易散出。

6）闻汤前香

嗅闻轻摇壶后干茶的茶香，是一种愉悦的享受。通过闻汤前香有助于进一步了解茶性，如烘焙的火工、茶的新陈等。

7）温、润、泡

右手执电茶壶，将100℃的沸水高冲入壶，盖上壶盖，淋去浮沫。立即将茶汤注入茶盅，茶叶在吸收一定水分后，即会呈现舒展状态，有利于冲第一道茶汤时充分挥发香气与滋味。

8）淋壶，冲第一泡

为了提升茶壶的温度，应先用开水淋壶，再冲第一泡茶。

9）浇壶、干壶

执电茶壶高冲沸水入壶，使茶叶在壶中尽量翻腾。第一泡茶的水冲满后，盖上壶盖，为了使茶壶的温度里应外合，须沿着茶壶外围再浇淋一些热水。浇壶后，什么时候倒出第一泡茶的茶汤，应视茶叶的性质和置入的茶量而定。一般第一泡的时间为1分钟，在提壶斟茶之前，应将壶放在茶巾上，擦干壶底部的水后，再将茶汤注入茶盅，分到各闻香杯中。

10）投汤

台湾茶人把斟茶称为投汤。投汤有以下两种方式。

一是先将茶汤倒入茶海，然后用茶海向各个茶杯均匀斟茶。用这种斟法，各杯的茶汤浓淡均匀，没有茶渣。

二是用泡壶直接向杯中斟茶，这种斟法的优点是茶香不致散失太多，茶汤较热，适于爱喝热茶的人，但各杯茶汤的浓淡不容易做到完全一致。

11）奉茶

闻香杯与品茗杯同置于杯托内，双手端起杯托，送至来宾面前，请客人品尝。

12）闻香

先闻杯中茶汤之香，然后将茶汤置于品茗杯内，闻杯中的余香。

13）品茗

闻香之后，可以观色、品茗。品茗时分三口进行，从舌尖到舌面再到舌根，不同位置香味也各有细微的差异，必须细细品味，才能有所体会。

14）再次冲泡

第二次冲泡的手法与第一次相同，只是时间要比第一泡增加15秒，以此类推，每冲泡一次，冲泡的时间都要相对增加。优质乌龙茶内质好，如果冲泡手法得当，可以冲泡几十次，甚至每次的色、香、味能基本相同。

15）奉茶

自第二次冲泡起，奉茶可直接将茶分至每位客人面前的闻香杯中，然后重复闻香、观色、品茗、冲泡的过程。

3．闽南功夫茶茶艺

闽南功夫茶服务程序为温具→置茶→润茶→冲泡→刮沫→分茶→点茶→品茶。

1）温具

用开水洗净茶瓯、品茗杯。洗杯时，最好用茶夹，不要用手直接接触茶具，并做到里外皆洗。这样做的目的：一是清洁茶具；二是温具，以提高茶的冲泡水温。

2）置茶

用茶匙摄取茶叶，1克茶需20毫升水，差不多是盖瓯的三四分满。

3）润茶

将煮沸的开水先低后高冲入茶瓯，使茶叶随着水流旋转，直至开水刚开始溢出茶瓯为止。加盖后倒入品茗杯，目的是使茶叶湿润，提高温度，使香味能更好地挥发。

4）冲泡

将刚煮沸的沸水采用悬壶高冲、"凤凰三点头"（先低后高）的手法冲入瓯中。

5）刮沫

左手提起瓯盖，轻轻地在瓯面上绕一圈，把浮在瓯面上的泡沫刮起，俗称"春风拂面"，然后右手提起水壶把瓯盖冲净，盖好瓯盖后静置1分钟左右。

6）分茶

先将品茗杯中的洗茶留香水一一倒掉。用拇指、中指挟住茶瓯口沿，食指抵住瓯盖的纽，在茶瓯的口沿与盖之间露出一条水缝，提起盖瓯，沿茶船边缘绕一圈，把瓯底的水刮掉，然后用茶巾吸去残存的水渍。分茶时，把茶水巡回注入弧形排开的各个茶杯中，俗称"关公巡城"，这样做的目的在于使茶汤均匀一致。

7）点茶

倒茶后，将瓯底最浓的少许茶汤，一滴滴地分别点到各个茶杯中，使各个茶杯的茶汤浓度达到一致，俗称"韩信点兵"。

8）品茶

先端起杯子慢慢由远及近闻香数次，后观色，再小口品尝，让茶汤巡舌而转，充分领略茶味后再咽下。

二、冲泡乌龙茶应把握的几个方面

乌龙茶被誉为我国茶叶百花园中的一朵奇葩，香飘四海，饮誉五洲。它具有红茶之甘醇、绿茶之鲜爽和花茶之芳香，深受消费者的喜爱。品饮乌龙茶不仅可以生津止渴，而且是一种艺术享受。

那么，怎样泡饮乌龙茶才能品尝到它的天真味和奇妙香，达到艺术享受的境界呢？这就必须掌握乌龙茶泡饮技艺的三要素，即泡茶用水、泡茶器具和泡饮技艺，并掌握"水以石泉为佳，炉以炭火为妙，茶具以小为上"的原则。

1. 泡茶用水

自古以来，善于饮茶的人，都把名茶与好水放在同等重要的位置。茶与水的关系犹如红花与绿叶。再名贵的茶，没有甘美的水来冲泡，也难以挥发独特的香味，所以宋代王安石有"水甘茶串香"之句，李中也有"泉美茶香异"之说。水有泉水、河水、井水、湖水、雨水、雪水和自来水等，水质不同，泡出来的茶就不一样。《茶经》论水，称"山水上，江水中，井水下"，颇有道理。一般来说，山泉水、雨雪水为"软水"，河水、井水、自来水为"硬水"。如能取泉水、溪水等流动的天然"软水"来泡茶最为理想。没有污染的井水、自来水也可以。总之，泡茶用水要求水源没有污染，水的感官性状良好，即无色、无臭、透明、无异味、无悬浮物，舌尝有清凉甜润的感觉，水的pH值为7，煮沸后永久硬度不超过8度，这样的水就适用于泡茶。

2. 泡茶器具

名茶与茶具总是珠联璧合的。范仲淹的"黄金碾畔绿尘飞，碧玉瓯中翠涛起"、梅尧臣的"小石冷泉留翠味，紫泥新品泛春华"，都是用赞誉茶具的珍奇来烘托佳茗的优美。历史上品饮乌龙茶的茶具十分考究，一套小巧精致的茶具，称为"茶房四宝"，即潮汕炉——广东潮州、汕头出产的陶磁风炉或白铁皮风炉；玉书煨——扁形薄磁的开水壶，容量约为250毫升；孟臣罐——江苏宜兴产的用紫砂制成的小茶壶，容量约为50毫升；若琛瓯——江西景德镇产的白色小瓷杯，一套四只，每只容量约为5毫升。当今泡饮乌龙茶的茶具仍然脱离不了这"茶房四宝"，只是更加实用、方便。目前，普遍使用的"茶房四宝"有随手泡、茶盘、白瓷盖碗和小茶环。

3. 泡饮技艺

乌龙茶的泡饮具有独特的技艺，在泡饮的过程中也别有一番情趣。以下是几项关键的冲泡技巧。

1)"温、润、泡"与"凤凰三点头"

泡茶时，先将适当温度的水注入壶内，短时间内把水倒出。茶叶在吸收一定水分后，即会呈现舒展状态，有利于冲第一道茶汤时充分挥发香气与滋味。冲泡龙井茶讲究高冲水，在冲水时使水壶有节奏地三起三落而使水流不间断，茶叶在杯中上下翻动，促使茶汤均匀，这种冲水的技法称为"凤凰三点头"，意为凤凰再三向嘉宾们点头致意，也是蕴涵着三鞠躬的礼仪。

2)"高冲"与"低斟"

"高冲"是冲泡乌龙茶的要诀之一，高冲水时要提高水壶的位置，使水流自高而下冲入茶壶；通过高冲水使茶叶在壶内旋转，有利于滋味迅速溢出。"低斟"是指斟茶时要放低茶壶的位置，使茶汤从低处进入茶杯；分茶时，将茶壶提起以略高于茶杯口沿为度。这样斟茶一是可以避免因高冲而使茶香飘散，从而降低杯中香味；二是避免因高冲而使茶沫丛生，从而影响茶汤的美观；三是避免因高冲而使分茶时发出"滴、滴"的水声。

3）"关公巡城"与"韩信点兵"

冲泡功夫茶在分茶时，为了使每个小茶杯中的茶汤浓度均匀一致，从而使每杯茶汤的色泽、滋味、香气都尽量接近，以做到平等待客、一视同仁，先将小茶杯以"品"字、"一"字或"田"字形排开，在这些小茶杯上来回提壶洒茶，此种分茶方式称为"关公巡城"。因留在茶壶中的最后若干茶水往往是最浓的，也是茶汤中的精华部分，要分配均匀，以避免各杯茶浓淡不一，所以，最后还要将茶壶中最浓的几滴茶汤，分别一滴一滴地滴入每个茶杯中，此种分茶方式称为"韩信点兵"。

4）"游山玩水"

分茶时，冲泡者通常是右手拇指和中指握住壶柄，食指抵住壶盖纽或纽基侧部，端起茶壶在茶船上沿逆时针方向转一圈，目的是在于除去壶底附着的水滴。而这一过程，冲泡者美曰"游山玩水"。接着是将端着的茶壶置于茶巾上按一下，以吸去壶底的水滴。最后才是巡回分茶。

4．乌龙茶的类型与投茶量、冲泡时间的关系

乌龙茶的类型与投茶量、冲泡时间的关系如表4-2所示。

表4-2　乌龙茶的类型与投茶量、冲泡时间的关系

品　　种	茶具容量	最佳纳茶量	首泡时间	后三泡时间	最佳泡数
清爽型轻发铁观音	90毫升中号盖碗	8～9克	20～30秒	30～40秒	6泡内口感最佳
浓郁型轻发铁观音	90毫升中号盖碗	7～8克	10～20秒	20～30秒	7泡内口感最佳
清香型传统铁观音	90毫升中号盖碗	7克	5～10秒	10～20秒	7泡内口感最佳
浓香型传统铁观音	90毫升中号盖碗	7克	5～10秒	10～20秒	7泡内口感最佳
武夷岩茶	90毫升中号盖碗	5克	5～10秒	10～20秒	7泡内口感最佳
奇兰、丹桂	90毫升中号盖碗	5克	5～10秒	10～20秒	7泡内口感最佳
本山、毛蟹	90毫升中号盖碗	7克	5～10秒	10～20秒	5泡内口感最佳

（1）用水方面：要求使用水质较好的矿泉水或桶装水，自来水冲泡效果不理想。

（2）清爽型轻发铁观音：浸泡时间不足，茶汤将淡而无味。

（3）其他类型铁观音、武夷岩茶：浸泡时间过长，茶汤滋味过于浓强。

（4）奇兰、丹桂：浸泡时间过长，茶汤会带苦涩，丹桂会有明显涩味。

（5）本山、毛蟹：浸泡时间过长，茶汤滋味过于浓强。

注意：虽然多类茶品的耐泡次数往往都会在7次以上，但建议实际浸泡数在7次内为佳。

复习思考题

一、填空题

1. 潮汕功夫茶的基本服务程序是列器备茶→＿＿＿＿→烫壶温盅→＿＿＿＿→＿＿＿＿→烫杯、洗杯→＿＿＿＿→摇壶低斟→＿＿＿＿→涤器撤器。

2. 选择茶具以能挥发＿＿＿＿且＿＿＿＿为宜。

3. 在提壶斟茶之前，应将壶放在＿＿＿＿上，沾干壶底部的＿＿＿＿后再行斟茶。

4. 冲泡龙井茶讲究＿＿＿＿冲水。

5. 冲泡绿茶时，润茶之后要第二次冲水，这次冲水只能冲到＿＿＿＿分满。

6. 冲泡特级茉莉花茶时，要用＿＿＿＿℃左右的开水。

7. "三龙护鼎"是端品茗杯的手势，即＿＿＿＿指和＿＿＿＿指握住杯口，＿＿＿＿＿＿指托住杯底。

8. 在行茶过程中取放茶具要求"轻"、"＿＿＿＿"、"稳"。

9. 茶的冲泡过程中，水的控制尤为重要。除了要选好水外，还要注意泡茶时的水温和＿＿＿＿。

10. 在冲泡和泡茶过程中要＿＿＿＿肩、垂＿＿＿＿、＿＿＿＿腕，要用手腕的起伏带动手的动作，切忌肘部＿＿＿＿。

11. 泡茶水温的选择因茶而异，茶越＿＿＿＿水温则低，茶越＿＿＿＿水温则高，

12. 关于煮水时"候汤"的掌握，应以水面泛"＿＿＿＿"气泡过后，"＿＿＿＿"大气泡刚成时沏茶最佳。同时应注意煮水时宜"＿＿＿＿"，忌"文火久沸"。

13. ＿＿＿＿时，是为了让茶中可溶性物质尽快浸出，当我们温润茶叶时，为避免茶汁浸出浪费，因此用＿＿＿＿。

14. 茶水比＿＿＿＿，茶汤就味淡香低；如茶水比＿＿＿＿，茶汤则过浓，而滋味苦涩。

15. 一般花茶、绿茶以冲泡＿＿＿＿分钟为宜；红碎茶因经揉切作用，颗粒细小，茶叶中成分易浸出，冲泡＿＿＿＿分钟即可，青茶第一次冲泡时间为＿＿＿＿分钟左右，第二次冲泡时间如果滋味正好，就适当延长＿＿＿＿秒左右，以后依次递增，以使茶汤不会先浓后淡。紧压茶为获得较高浓度的茶汤，用煎煮法煮沸茶叶的时间应控制在＿＿＿＿分钟以上。

16. 日常沏泡＿＿＿＿一般以冲泡三次为宜，品质＿＿＿＿的可泡七次以上。而像这类的茶叶，只冲泡一次即可。

17. 感官闻香气一般分热嗅、温嗅、冷嗅三种，＿＿＿＿主要判断香气的高低、类型、清浊；＿＿＿＿主要看其香的持久程度，＿＿＿＿判断香气是否正常，有无异味。

18. 茶叶中鲜味物质主要是＿＿＿＿类物质，苦味物质是＿＿＿＿，涩味物质是＿＿＿＿，甜味物质是＿＿＿＿。

二、选择题

1. 普通红茶、绿茶的茶水比例大致掌握在1克茶冲泡的水是（　　）。

　　A．30～40毫升　　　　　　　　B．40～50毫升

C．50～60毫升　　　　　　　　D．60～70毫升

　2．高级细嫩的绿茶，冲泡时的水温为（　　　）。

　　　　A．70～80℃　　　　　　　　　B．80～85℃

　　　　C．85～90℃　　　　　　　　　D．90～95℃

　3．据测定，用沸水泡茶，首先浸泡出来的是咖啡碱、维生素、氨基酸等，所用时间为大致（　　　）。

　　　　A．1分钟　　　　B．2分钟　　　　C．3分钟　　　　D．4分钟

　4．最早提出水标准的是（　　　）。

　　　　A．张源　　　　　B．陆羽　　　　　C．张大复　　　　D．宋徽宗赵佶

　5．现代最适宜用于泡茶的水是（　　　）。

　　　　A．纯净水　　　B．矿泉水　　　C．自来水　　　D．天然水

　6．不论泡茶技艺如何变化，除备茶、选水、烧水、配茶具之外，都共同遵守的泡茶程序是（　　　）。

　　　　A．置茶、洗茶、冲泡、分茶、品茶、续水

　　　　B．温具、置茶、冲泡、奉茶、品茶、续水

　　　　C．清具、洗茶、冲泡、奉茶、品茶、续水

　　　　D．温具、置茶、冲泡、出汤、分茶、续水

　7．冲泡西湖龙井的方法是采用（　　　）。

　　　　A．上投法　　　B．壶泡法　　　C．下投法　　　D．中投法

　8．潮汕功夫茶在斟茶时，采用依次来回轮转的方法，将壶中茶汤倾入茶杯，此法俗称（　　　）。

　　　　A．乌龙入宫　　　B．春风拂面　　C．关公巡城　　D．韩信点兵

　9．鉴赏茶的本香应采取（　　　）。

　　　　A．热闻　　　　　B．干闻　　　　C．温闻　　　　D．冷闻

　10．好茶喝起来甘醇浓稠，有活性，喝后喉头甘润，感觉持久，最佳的茶汤滋味是（　　　）。

　　　　A．鲜醇爽口带涩　　　　　　　　B．微苦中带甘

　　　　C．圆滑舒畅不涩　　　　　　　　D．清纯甘鲜有韵味

三、问答题

　1．什么是刮顶？什么是淋眉？为什么要刮顶淋眉？

　2．想一想，取茶时为什么不宜发出噪声？

　3．什么是"温润泡"与"凤凰三点头"？

　4．什么是"旗枪"？什么是"雀舌"？

　5．花茶的三品指的是哪三品？

　6．什么是"高冲"与"低斟"？

　7．什么是"关公巡城"与"韩信点兵"？

　8．什么是"游山玩水"？

9．什么是"上投法"与"下投法"？

10．什么是"三龙护鼎"？

11．什么是"醒茶"？其目的是什么？

四、实训题

1．练习介绍、展示茶具"茶艺六君子"的手法。

2．练习玻璃杯及盖碗茶艺洗杯弃水的"滚杯"手法。

3．练习玻璃杯及盖碗茶艺温杯、洗杯和温、润、泡的摇杯手法。

4．练习玻璃杯及盖碗茶艺"凤凰三点头"的手法。

5．练习盖碗茶茶艺翻盖的手法。

6．练习盖碗茶托杯、品饮的手法。

7．练习潮汕式乌龙茶布具的"翻杯"手法。

8．练习潮汕式乌龙茶烫洗杯具的"滚杯"手法。

9．练习潮汕式乌龙茶"摇香"与"抖壶"的手法。

10．练习潮汕式乌龙茶"刮顶淋眉"的手法。

11．练习潮汕式乌龙茶"关公巡城"及"韩信点兵"的手法。

12．练习潮汕式乌龙茶"高冲低斟"的手法。

13．练习台式乌龙茶布具"孔雀开屏"的翻杯手法。

14．练习台式乌龙茶"高山流水"洗杯弃水的手法。

15．练习台式乌龙茶"倒转乾坤"的手法。

16．练习品饮时"三龙护鼎"的手法。

第五章　茶席设计

教学目标

1. 了解茶席及茶席设计的概念，认知茶席的构成要素。
2. 能熟练运用茶席设计的基本构成要素设计茶席。

第一节　茶席的概念

一、茶席的概念

大唐盛世，四方来朝，威仪天下。茶，就在这个历史背景下，由一群出世山林的诗僧与遁世山水间的雅士，开始了对中国茶文化的悟道与升华，从而形成了以茶礼、茶道、茶艺为特色的中国独有的文化符号。至宋代，茶席不仅置于自然之中，宋人还把一些取型捉意于自然的艺术品设在茶席上，而插花、焚香、挂画与茶一起称为"四艺"。

茶席（见图5-1），举办茶会的房间称为茶室，又称本席、茶席或者席。茶室内设壁龛、地炉。地炉的位置决定室内席子的铺放方式。

一般来说客人坐在操作人（主人）左手一边，称为顺手席。客人坐在操作人右手一边称为逆手席。客人经茶室特有的小出口进入茶室，传说这种小出口是茶道始祖千利休模仿淀川小舟上的窗户设计的。

图5-1　茶席

然而，中国古代并无"茶席"一词，茶席是从酒席、筵席、宴席转化而来的，茶席名称最早出现在日本、韩国的茶事活动中。

席的本义是指用芦苇、竹篾、蒲草等编成的坐卧垫具，如竹席、草席、苇席、篾席、芦席等，可卷而收起。席的引申义为座位、席位、坐席，后来又引申为酒席、宴席，是指请客或聚会酒水和桌子上的菜。

总之，茶席泛指习茶、饮茶的桌席。它是以茶器为素材，并与其他器物及艺术相结合，展现某种茶事功能或表达某个主题的艺术组合形式。茶席的特征有四个，即实用性、艺术性、综合性、独立性。茶席有普通席和艺术茶席之分。

二、茶席的设计

茶席设计与布置包括茶室内的茶座、室外茶会的活动茶席、表演型的沏茶台（案）等。

茶席设计就是指以茶为灵魂，以茶具为主体，在特定的空间形态中，与其他的艺术形式相结合，所共同完成的一个独立主题的茶道艺术组合体。

茶席设计就是以茶具为主材，以辅垫等器物为辅材，并与插花等艺术相结合，从而布置出具有于特定意义或功能的茶席。

第二节　茶席设计的基本构成要素

茶席是由不同的要素构成的。由于人的生活和文化背景等方面的差异，在进行茶席设计时会选择不同的构成要素。这里介绍一般茶席设计的主要构成要素。

一、茶品

茶是茶席设计的灵魂，也是茶席设计的思想基础。因茶而有茶席；因茶而有茶席设计。茶在一切茶文化及相关艺术表现形式中既是源头，又是目标。

茶席设计的目的是为了提高茶的魅力、展现茶的精神。所以，在茶席设计中最重要的就是茶叶了。只有选定了某一种茶叶才能更好地围绕这个中心来确定主题，构思茶席。

二、茶具组合

茶具组合（见图5-2）及摆放是茶席布置的核心。古代茶具组合一般都本着"茶为君、器为臣、火为帅"的原则配置，即一切茶具组合都是为茶服务的。现代茶具组合是在实用性的基础上，尽可能做到兼顾艺术性，这主要从三个方面去考虑。

图5-2　茶具组合

1．根据茶性及茶叶产地选择茶具

不同的茶类、不同的茶叶品种具有不同的茶性。例如，乌龙茶相对粗枝大叶，要求用沸水冲泡，宜以保温性能好的紫砂壶为核心组合茶具；冲泡高档的绿茶，要求展示茶形美和汤色美，宜选用玻璃杯冲泡；红茶要在较宽松的壶中冲泡才能充分舒展开茶胚，溶解出美味，所以宜选用容量较大的瓷壶冲泡。

2．根据泡茶的主要目的选择茶具

同样是冲泡大红袍或铁观音，若是为了接待亲朋好友，可选用古朴典雅、美观实用的紫砂壶。若是为了审评茶叶或促销茶叶，则不宜用紫砂壶，最好选择盖碗（"三才杯"）或审评杯，因为紫砂壶会吸附茶香，用老壶泡茶，闻到的香气通常是长期累积下来的混合茶香，并且无法观察冲水后茶叶的变化，而用盖碗则能最直观地审评出茶的优缺点。

3．根据茶艺所反映的主题内容选择茶具

茶具的选择应当与茶艺主题所反映的时代、地域、民族及人物的身份相一致。即使冲泡同一品种的茶，不同民族、不同地区流行的茶具也各具特色。茶具选定之后一般还要与铺垫、插花、焚香、挂画四个方面相配合

茶具的质地可以根据所选择的茶叶来定，也可以根据自己的要求来确定，可以特别配置，也可以简略配置，随意性较大。但在茶席设计中一般根据茶叶来确定，例如，名优绿茶一般可以选择透明无花纹的玻璃杯或白瓷、青瓷、青花瓷盖碗杯；花茶一般可以使用青瓷、青花瓷、斗彩、粉彩瓷器或壶； 普洱茶和一些半发酵及重焙火的乌龙茶可以使用紫砂壶杯具； 红茶可以使用内壁施白釉的紫砂杯，白瓷、白底红花瓷、红釉瓷的壶杯具的盖碗杯； 白茶可以用白瓷壶杯或用反差很大的内壁施黑釉的瓷壶杯来冲泡，以衬托出白毫。

三、铺垫

铺垫（见图5-3）指的是茶席整体或局部物件摆放下的铺垫物，也是铺垫茶席之下布艺类和其他质地物的统称。铺垫可帮我们遮挡桌子，保持茶具干净，也可以帮我们烘托主题，渲染意境。铺垫可以选择棉布、麻布、蜡染布、化纤布、印花布、毛织、织锦、丝绸等布艺，也可以选择竹编、石头、纸张、草编、树叶等，或者可以什么都不用，直接是桌子、茶几等。在选择铺垫时要注意色彩的搭配，铺垫与铺垫之间、铺垫与茶几之间、铺垫与茶具之间、铺垫与泡茶者的服饰之间都要关照到，不

图5-3　刺绣桃花铺垫

然铺垫就起不到烘托主题、渲染意境的效果，反而可能起反面作用。

四、插花

插花是指人们以自然界的鲜花、叶草为材料，通过艺术加工，在不同的线条和造型变化中，融入一定的思想和情感而完成的花卉的再造形象。插花是一门古老的艺术，能寄托人们的美好情感，插花的起源应归于人们对花卉的热爱，通过对花卉的定格，表达一种意境来体验生命的真实与灿烂。我国插花历史悠久，素以风雅著

称于世，形成了独特的民族风格，其色彩鲜艳、形态丰富、结构严谨。

茶席中的插花不同于一般的插花，而要体现茶的精神，追求崇尚自然、朴实秀雅的风格，其基本特征是：简洁、淡雅、小巧、精致。鲜花不求繁多，只插一两枝便达到画龙点睛的效果；注重线条和构图的美和变化，以达到朴素大方、清雅绝俗的艺术效果。

1. 茶席插花的形式

茶席插花的形式以直立式、倾斜式、悬崖式、平卧式为常见。

（1）直立式插花

直立式插花（见图5-4）的主枝基本呈直立状，其他插入的花卉也呈自然向上的势头。虽然花叶不多，但一花一叶都应有艺术构思。直立式插花要注意衬托茶席的主题，力求层次分明，高低错落有致，这样才能充满生机勃发的意蕴。

（2）倾斜式插花

倾斜式插花（见图5-5）是指第一主枝倾斜于花器一侧为标志的插花。其具有一定的自然状态，如同风雨过后那些被压弯曲的茶枝，重又伸腰向上生长，蕴含着不屈不挠的顽强精神；又有临水之花木那种疏影横斜的韵味。

图5-4 直立式插花　　　　图5-5 倾斜式插花

（3）悬崖式插花

悬崖式插花是指以第一主枝从花器中悬挂而下为造型特征的插花。形如高山流水，瀑布倾斜，又似悬崖上枝藤垂挂，柔枝蔓条。其线条简洁夸张，给人以格调高逸的感觉。

（4）平卧式插花

平卧式插花是指全部的花卉在一个平面上的插花样式。茶席插花中，平卧式插花虽然不常见，但在某些特定的茶席中，如移向式结构及部分地铺中，用平卧式可以使整体茶席的点线结构得到较为鲜明的体现。平卧式插花的特点是，如同花枝匍匐生长，其中没有高低层次的变化，只有左右向的长短伸缩，给人以对生活无限热爱和依恋的感觉。

2. 插花的技巧

1）虚实相宜

花为实叶为虚，有花无叶欠陪衬，有叶无花缺实体。插花时，要做到实中有虚，虚中有实。

2）高低错落

花朵的位置切忌在同一条横线或直线上。

3）疏密有致

要使每朵花、每片叶都具有观赏效果和构图效果，过密则复杂，过疏则空荡。

4）顾盼呼应

花朵、枝叶要围绕中心顾盼呼应，在反映作品整体性的同时，又要保持作品的均衡感。

5）上轻下重

花苞在上，盛花在下；浅色在上，深色在下，显得均衡自然。

6）上散下聚

花朵和枝叶基部聚拢似同生一根，上部疏散多姿多态。

在茶席插花中，应选择花小而不艳，香清淡雅的花材，最好是含苞待放或蓓蕾初绽。造型应崇尚简素，忌繁复。插花只是衬托，为茶艺服务，切忌渲宾夺主。至于选择什么类型的插花，要视具体的茶艺主题而定。

五、焚香

焚香（见图5-6）是指人们将从动物和植物中获取的天然香料进行加工，使其成为各种不同的香型，并在不同场合焚熏，获得嗅觉上的美好享受。

图5-6　焚香

焚香从一开始就与人们的生理需求、精神需求结合在一起。在盛唐时期，达官贵人、文人雅士及有钱人就经常在聚会上争奇斗香，使熏香渐渐成为一种艺术，与茶文化一起发展起来。

焚香发展到今天，已不单纯是品香、斗香，而是以天然香料为载体，融自然科学和人文科学为一体，感受和美化生活，实现人与自然和谐，创造人的外在美与心灵美和谐统一的香文化。正如茶道一样，其含义已远远超越制茶和喝茶本身。焚香可用在茶席中。它不仅作为一种艺术形态融于整个茶席中，同时以它美妙的气味弥散于茶席四周的空气中，使人在嗅觉上获得非常舒适的感觉。

六、挂画

挂画又称挂轴（见图5-7）。茶席中的挂画是悬挂在茶席背景环境中的书画的统称。挂画的形式有单条、中堂、屏条、对联、横披、扇面等。茶席挂画的内容，可以是字，也可以是画，一般以字为多，也可以字画结合。以表现汉字为内容的书法常以隶书、章草、今草、行书、楷书等形式出现。书写内容主要以茶事为表现内容，也可以表达某种人生境界、人生态度和人生情趣。画以中国画，特别是山水画最佳。

图5-7　挂画

七、相关工艺品

相关工艺品指的是茶席设计中根据主题需要而用来作为摆设的物品。其可以是石器、盆景，也可以是生活用品、艺术品、宗教用品等（见图5-8）。不同的相关工艺品与主器物的巧妙配合往往会产生意想不到的效果，但是要注意的是，一定要符合主题，要起到装饰的作用，要不然反而是画蛇添足。

图5-8　抚琴小沙弥

八、茶点、茶果

茶点、茶果（见图5-9）是对饮茶过程中佐茶的茶点、茶果和茶食的统称。其主要特征是分量少、体积小、制作精细、样式清雅。品茶时佐以茶点、茶果已成为人们的习惯，品茶品的是情调，茶点不在多，一般的原则是红配酸、绿配甜、乌龙配瓜子。水果、干果、甜食、糕饼等都行。也可以推陈出新，可中可西，如配手指三明治、小姜饼等。好的茶点搭配，做工精致的点心是茶席中的亮点。

图5-9　茶点

九、背景

茶席的背景是指为获得某种视觉效果，设在茶席之后的艺术物态方式。它的作用首先体现在可以使观众的视觉空间相对集中、视觉距离相对稳定；其次还起着视觉上的阻隔作用，使人的心理获得某种程度的安全感。茶席背景总体由室外背景和室内背景两种形式构成。

室外以树木、竹子、假山、盆栽植物、自然景物、建筑物等多种形式为背景。室内以舞台、屏风（见图5-10）、装饰墙面、窗、博古架、书画、织品、席编、纸伞及其他物品为背景。

图5-10　茶室屏风

第三节　题材选择与表现方法

茶席是一种艺术形态，凡是与茶有关的，积极的、健康的、有助于人的道德情操培养的题材，都可以在茶席中反映。茶席的题材常见的有以下几大类。

一、茶席的题材选择

1. 以茶品为题材

茶，因产地、形状、特性不同而有不同的品类和名称，并通过泡饮而最终实现其价值。因此，以茶品为题材，自然在以下三个方面表现出来。

1）茶品的特征

茶的名称本身就包含了许多题材内容。首先，它众多不同的产地，就给人以不同地域茶文化风情，如庐山云雾、洞庭碧螺春等。凡产茶的自然景观、人文风情、风俗习惯、制茶手艺、饮茶方式等，都是茶席设计取之不尽的题材。

从茶的形状特征来看，更是多姿多彩，如龙井新芽、六安瓜片、金坛雀舌等，大凡名茶都有其形状的特征，足以使人眼花缭乱。

2）茶品的特性

茶性甘，具有不同的滋味及人体所需要的营养成分。茶的不同冲泡方式，带给人以不同的艺术感受，特别是将茶的饮泡过程上升到精神享受之后，品茶常常用来满足人的精神需求。于是，借茶来表现不同的自然景观，以获得回归自然的感受；借茶来表现不同的时令季节，以获得某种生活乐趣；借茶来表现不同的心境，以获得心灵的某种慰藉。这些无不借助于茶的特性，满足于人的某种精神需求。

3）茶品的特色

茶有红、绿、青、黄、白、黑六色，还有茶之香、茶之味、茶之性、茶之情、茶之境，无不给人以美的享受，这些都能作为茶席设计的题材。

2. 以茶事为题材

1）重大的茶文化历史事件

一部中国茶文化史，就是由一个个茶文化历史事件构成的。作为茶席，不可能在短时期内将这些事件一一表现周全，我们可以选一些重大的茶文化事件，选择某一个角度，在茶席中进行精心刻画。

2）特别有影响的茶文化事件

在茶史中不属于具有转折意义的重大事件，但也是某个时期特别有代表性的茶事而影响至今，如"陆羽制炉"、"供春制壶"等。

3）自己喜爱的事件

茶席中不仅可表现有影响的历史茶事，也可反映生活中自己喜欢的现实茶事，如反映自创调和茶的"自调新茗"等。

3. 以茶人为题材

但凡爱茶之人、事茶之人、对茶有所贡献之人、以茶的品德作为自己品德之人，均可称为茶人。无论古代茶人，还是现代茶人及身边的茶人，都可以作为茶席设计的题材。

二、茶席题材的表现方法

以物、事、人为题材的茶席，一般采用形象和抽象两种方式来体现。形象表现就是通过对物态形式的准确把握来体现。例如，宋代的斗茶，就用兔毫盏等宋代茶具来表现。抽象是通过人来感觉的，是一种心理表现，例如，快乐就用欢快的音乐来表现等。

茶席题材既可采用形象表现方法，也可采用抽象表现方法，也可两者都采用，只要运用得当，茶席的主题就能体现出来。

总之，茶席设计之所以越来越受到人们的欢迎，是因其独特的茶文化艺术特征符合现代人的审美追求；它的传承性使深爱优秀传统文化的现代人从其丰富的物态语言中，更深地感受到陆羽《茶经》中的思想内涵；它的丰富性使现代爱茶人从一般的茶艺冲泡形式外，获得更多、更丰富的生活体验；它的时代性更使现代人从茶的精神核心"和"的思想中，寻找到构建当代和谐社会的许多有益的启迪。

练习与实践

茶席设计实例：《春色》(见图5-11)

图5-11　茶席设计《春色》

设计理念：

"人间四月芳菲尽，山寺桃花始盛开"——《大林寺桃花》。游人寻春的时候，春天却并没有在山上消失，反而刚刚到来。春天万物生长充满蓬勃生机与花草的芳香，给人一种美丽、自由、淡雅的心境感受。

整个茶席底布用白色麻布盖上蓝色薄纱，给人以清新之感。在底布之上用一块"春燕桃花"桌旗，给人以充满春天蓬勃生机、花草芳香之感。

盖碗、公道杯、品茗杯、水盂、花器均采用白色陶瓷器具象征着淡雅、纯真、自然。品茗杯两两成双放一起，不失单调，预示着人们团结友爱相邀共赏春之景色。花器内的插画为桃花，花器边上及水盂中又有桃花瓣，与桌旗和插花相呼应，展现春天芳菲景象。再配上简单的竹木茶拨、茶则及茶垫，整个茶席给人一种淡淡的江南水乡春之意境，淡雅的、宁静的、芳香的、简单的感觉。如诗如画，让人感到舒服、蓬勃生机、怡然芳菲。

第四节　茶席设计的技巧

茶席设计是物质创造，更是艺术创造，因此，技巧的掌握和运用，在茶席设计中就显得非常重要。获得灵感、巧妙构思和成功命题，是茶席艺术创作过程中三个十分重要的技巧。

一、获得灵感

1. 善于从茶味体验中去获得灵感

茶是由茶人设计的，茶人的典型行为就是饮茶，那么就让我们从茶味的体验中去寻找灵感。

2. 善于从茶具选择中去发现灵感

茶具是茶席的主体。茶具包括质地、造型、色彩等，其决定了茶席的整体风格。因此，一旦从满意的茶具中发现了灵感，从某种角度来说，就等于茶席设计成功了一半。

3. 善于从生活百态中去捕捉灵感

不论你是否会设计茶席，都要生活。生活的千姿百态，生活的千变万化，这是不以人的意志所决定的。你今天的生活、过去的生活、他人的生活，这些都是艺术创作的源泉，永远不会枯竭，永远鲜活如初。

4. 善于从知识积累中去寻找灵感

很难想象，一个对茶叶一无所知的人能设计出一个像样的茶席。茶叶种植、制作、历史、文化等知识，是几千年来无数茶人实践的总结，是一个完整的科学体系，一个茶席设计者，只有努力学习茶科技、茶文化知识，然后才能对茶席所包含的内容有所了解，对茶席的知识也就越深刻。

二、巧妙构思

人们常说："不到巧时不下笔，非到绝处不是妙。"要做到构思巧妙，就要在四个方面狠下功夫，即创新、内涵、美感和个性。

1. 创新

创新是茶席设计的生命。创新首先表现在内容上。题材是内容的基础，题材不新鲜，就不吸引人，题材的新颖是创作的重要追求。茶席设计要做到题材新鲜，不能闭门造车，要多看，多了解，要有新思想。

2. 内涵

内涵是茶席设计的灵魂。内涵首先表现于丰富的内容。内容的丰富性、广泛性，是作品存在意义的具体体现。另外，一个茶席设计作品的内容是否丰富，除了看它的内容外，还要看其在艺术思想的表现深度。

3. 美感

美感是茶席设计的价值。美感的基本特征是形象的直接性和可感性，在茶席设计中，首先是茶席具有的形式美。

器物美是茶席设计形式美的特征，器物的主体是茶具。选择和配置茶具时，应特别注意茶具的质地、造型、色彩等方面。色彩美的最高境界是和谐，因此对茶具及其他器物的色彩都要达到和谐这一要求。茶具的造型美主要体现在线条美，线条的变化决定着茶具形状的变化，曲折、流畅的线条能展现出造型美。

茶汤的色彩、铺垫的美感、插花的形态和色彩美、焚香的气味美、挂画的美感、相关艺术品的背景美及茶点茶果的色彩、造型、味感、情感、心理的综合美。

4. 个性

个性是茶席设计的精髓。茶席的个性特征首先要在它的外部形式上下功夫。例如，茶的品质、形态、香气；茶具的质感、色彩、造型、结构、大小；茶具的组合、大小比例、摆置距离、摆置位置；铺垫的质地、大小、色彩、花纹图案；插花和焚香也同样如此。

总之，成功的命题，包括主题鲜明，文字精练简洁，立意表达含蓄，想象富有诗意，让人一看就可基本感知艺术作品的大致内容，或者迅速感悟其中深刻的思想，并获得感知和感悟带来的快感。

第五节　照明和音乐

一、照明艺术

光线是满足人的视觉对空间、色彩、质感、造型等审美要素进行审美观照的必要条件。但是，在茶席布置时，仅仅提供照明是远远不够的，茶室中的灯光还应当能营造出与所要演示的茶艺相适应的气氛，提升茶室的高雅格调和文化品位。要做到这些就应该注意处理好一般照明、局部照明与混合照明的关系。

一般照明是为了满足视觉的基本要求，因此，光的亮度和色调十分重要。品茗场所的光线应当柔和温馨，色调应当顺应季节的变化，让人感到眼睛舒适，心情放松、安详、恬静。

局部照明是指为照亮某些需要强调的部位而设置的照明，它能使室内空间层次发生变化，增强环境气氛的表现力，因此在茶席布置时非常重要。例如，在泡茶台正上方的屋顶上安装一盏射灯，开灯时，灯光恰好投射在茶盘中央，人们的目光会自然而然地聚焦到射灯所照亮的范围，观赏茶杯中被射灯照得格外艳丽璀璨的茶汤，以及表演者的优美手势。

混合照明是指在同一场所中，既配置一般照明解决整个空间的基本照明，又配置局部照明，突出局部区域的亮度，调整光线的方向，以满足茶席布置的艺术要求。在茶席布置中通常是采用混合照明，主照明灯、屋顶射灯、壁灯、台灯、隐型灯、展示柜灯等都要配置各自独立的组合开关，以满足不同情景的不同需要。

二、音乐的选播

音乐的选播在茶席布置中至关重要。一间没有音乐的茶室，是没有灵气的茶室；一套没有配乐的茶艺，是没有神韵的茶艺。音乐是生命的律动，在茶艺中应当十分重视用音乐来营造意境。不同节奏、不同旋律、不同音量的音乐对人体有不同的影响，快节奏大音量的音乐使人兴奋，慢节奏小音量的音乐使人放松，柔美的音乐可对人产生镇静、降压、愉悦、安全的效果。在茶室中，音乐主要用于两个方面。

背景音乐最适合以慢拍、舒缓、轻柔的乐曲为主，其音量的控制非常重要。音量过高，显得喧嚣，令人心烦，会引起客人的反感；音量过低，则起不到营造气氛的作用。把背景音乐的音量调节到若有若无，像是从云中传来的天籁，有仙乐飘飘的感觉为最妙。

主题音乐是专用于配合茶艺表演的，可以是乐曲也可以是歌曲。同一主题音乐还应当注意演奏时所使用的乐器，例如，蒙古族茶艺宜选马头琴，维吾尔族茶艺宜选冬不拉、热瓦普，云南茶艺宜选葫芦丝、巴乌，汉族文士茶艺宜选古琴、古筝、箫、琵琶、二胡等。

一、填空题

1. 茶席设计就是指以（   ）为灵魂，以（   ）为主体，在特定的空间形态中，与其他艺术形式相结合，所共同完成的一个独立主题的（   ）艺术组合体。

2. 善于从茶味体验中去获得灵感。茶是由（   ）设计的，茶人的典型行为就是（   ），那么就让我们从（   ）的体验中去寻找灵感。

3. （   ）是茶席设计的精髓。茶席的（   ）首先要在它的外部形式上下功夫。

4. 茶汤的（   ）、铺垫的美感、插花的形态和（   ）、焚香的（   ）、挂画的美感、相关艺术品的背景美及茶点茶果的色彩、造型、味感、情感、心理的（   ）。

5. （   ）是茶席设计的生命。（   ）首先表现在内容上。

6. 茶性（   ），具有不同的滋味及人体所需要的营养成分。

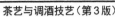

7. 茶席是一种（　　），凡是与茶有关的，积极的、健康的、有助于人的道德情操培养的题材，都可以在茶席中反映。

8. 器物美是茶席设计形式美的特征，器物的主体是（　　）。

9. 光线是满足人的视觉对空间、色彩、质感、造型等审美要素进行审美观照的（　　）。

10. 音乐的选播在茶席布置中至关重要。一间没有（　　）的茶室，是没有（　　）的茶室；一套没有（　　）的茶艺，是没有（　　）的茶艺。

二、单项选择题

1. 茶具组合及摆放是茶席布置的核心。古代茶具组合一般都本着（　　）的原则配置，即一切茶具组合都是为茶服务的。

  A. 茶为帅、器为臣、火为君 B. 茶为臣、器为君、火为帅

  C. 茶为君、器为帅、火为臣 D. 茶为君、器为臣、火为帅

2. 茶席泛指习茶、饮茶的桌席，是以茶器为素材、并与其他器物及艺术相结合，展现某种茶事功能或表达某个主题的艺术组合形式。茶席的特征有四个，即（　　）。

  A. 实用性、艺术性、综合性、独立性 B. 实用性

  C. 独立性   D. 艺术性

3. 茶有（　　）六色，还有茶之香、茶之味、茶之性、茶之情、茶之境，无不给人以美的享受，这些都能作为茶席设计的题材。

  A. 红、绿、青、黄、白、金 B. 红、绿、青、黄、白、黑

  C. 红、绿、青、黄、白、花 D. 以上全部

4. 同一主题音乐还应当注意演奏时所使用的乐器，例如，蒙古族茶艺宜选（　　）。

  A. 古琴、古筝、箫、琵琶、二胡 B. 葫芦丝、巴乌

  C. 冬不拉、热瓦普   D. 马头琴

三、问答题

1. 茶席设计有哪些基本的构成要素？

2. 如何表现茶席的题材？

3. 茶席设计的结构以什么为目标？

第六章　酒文化基础知识

教学目标

1. 认识酒的源流，酿酒原理。
2. 认识将酒进行分类的指标。
3. 掌握发酵酒的定义、特点、种类及中外知名品牌。
4. 了解蒸馏酒的定义、种类与特点，熟悉中国白酒的原料、香型及主要品牌。

第一节　酒的源流

一、酒的源流

我国有悠久的酿酒历史，据说已有四千余年的历史。远古时，杜康在管理粮食的过程中无意发现了从储粮的树洞里流出的水特别甘醇，于是把带回来的味道浓香的水让大家品尝，并把此事报告给黄帝，黄帝得知后，没有责备杜康，命他继续观察，仔细琢磨其中的道理。又命仓颉给这种香味很浓的水取个名字，仓颉随口道："此水味香而醇，饮而得神。"说完，便造了个"酒"字。黄帝和大臣都认为这个名字取得好。从此以后，我国远古时候的酿酒事业开始出现了，后世人为了纪念杜康，便将他尊为酿酒始祖。

二、酿酒原理

酒是一种含有酒精（乙醇）的饮品。

由此可见，乙醇是构成酒的重要成分。这些乙醇的来源是由含糖的原料经酵母酒精发酵后直接产生的。例如，葡萄中含有糖（葡萄糖），在葡萄酒发酵时将酵母加入，这时就可以将葡萄汁中的糖转化为乙醇，从而构成葡萄酒中的酒精成分。但在一般家庭酿造中还多以自然酵母为主。自然酵母即野生酵母，常附着在葡萄果皮上，这就是在不另行加酵母的情况下葡萄带皮也能发酵的原因。

通常乙醇无毒性，它能刺激人的神经和血液循环，但血液中的乙醇含量超过一定比例时，也会引起中毒。除此之外，一些淀粉质原料也可用来酿酒。其主要原理为：首先在糖化酶的作用下，将淀粉转变为糖，然后再发酵为乙醇。

由此可见，大多数含淀粉和糖的原料都可用来酿酒，只是发酵酒精的原料不同而已。

酒的酿造除发酵外，还有采用蒸馏的办法。

果汁中含有葡萄糖可直接发酵，而谷物中含有大量的淀粉，淀粉进行工艺处理可生成麦芽糖，再经生化反应后也可生成乙醇和二氧化碳。这个反应过程称为酒精发酵。通常状态下，这种发酵只能使酒精体积分数达到15%左右。再提纯或提高酒度就需要蒸馏了（如白兰地、中国白酒等）。在经过发酵的酒液中，不但含有酒精，还有一些芳香成分。酒精的沸点为78.3℃，只要将发酵过的原料加热到这个温度，就能获得气体酒精，冷却后就是蒸馏原酒。必要时将这些原酒反复蒸馏到需要的酒度，然后再根据要求进行蒸馏酒的下一步处理，如勾兑、老熟、过滤等。

酒度的概念：乙醇在酒中的含量用酒精度来表示，在国际酿酒业中，规定温度为20℃时，乙醇的体积分数含量为酒精度，简称酒度。例如，某种葡萄酒在20℃时含乙醇为11%（体积分数），则酒度为11度。

第二节　丰富多彩的酒文化

一、酒文化

在人类文化的历史长河中，酒是一种文化的象征。自从世界上有了酒，也便有了酒文化，酒蕴涵着人类数千年的文明史。

渗透于整个中华五千年文明史的酒文化，从民风民俗、文学艺术、文化娱乐到饮食烹饪、养生保健等各方面，在人们的生活中都占有重要的位置。每逢重大节日都有相应的饮酒活动。

春节是中国最隆重的传统节日，按照传统习惯，除夕的年夜饭是一年中最为丰盛的。即使平时不喝酒，年夜饭上的酒也是不能缺少的。吃过年夜饭，有的地方还有饮酒守夜的习俗。

此外，从汉代起，中秋节月圆月满，全家人也要一起喝"团圆酒"和"赏月酒"，望着圆圆的月亮，向远在异地的亲人表达思念之情。

除节日外，在中国古代沿袭下来的冠、婚、丧、祭、乡、射、聘、朝八种礼仪中，酒文化也贯穿其中，并有声有色地传承延续着。

饮酒也是饮食文化之一，在远古时代就已形成了一些礼节。如果在重要的场合不遵守这些礼节，就有犯上作乱的嫌疑。饮酒过量的人因难以控制心性而容易生乱，所以在那个时代，指定饮酒的礼节是尤为重要的，于是便诞生了有中国特色的酒礼酒仪。

二、名人与酒

中国酿酒史源远流长，由中国古代名人对酒的厚爱初见端倪。阮籍是晋代"竹

林七贤"之一，他饮酒狂放不羁，但最令世人称道的还是他以酒避祸，开创以醉酒掩盖政治意图的先河。晋文帝司马昭想为其子司马炎向阮籍之女求婚。阮籍既不想与司马氏结亲，也不愿得罪司马氏，只得以酒避祸，一连沉醉60多天不醒，最后靠着醉酒摆脱困境。

当年，屈原为了报国，满脸憔悴，形容枯槁。当渔夫问他被放逐的原因时，屈原说："举世浑浊而我独清，众人皆醉而我独醒"，"宁赴常流而葬乎江鱼腹中耳"。后来，屈原果真投入了汨罗江中。

传说屈原死后，楚国的百姓哀痛异常，纷纷涌到汨罗江边去凭吊屈原。渔夫们划着小船在江上来回打捞他的真身。有位渔夫拿出了为屈原准备的饭团、鸡蛋等食物投入江中，想让江里的鱼、虾吃饱后不再去伤害和啃食屈原的身体。其他人纷纷效仿，其中一位老医师则拿来一坛雄黄酒倒入江中，说是要醉晕蛟龙水兽。从此，在中国便有了端午节及端午节喝雄黄酒的传统。

李白，字太白，号青莲居士（见图5-1），唐代著名诗人。他的诗雄奇豪放，想象力丰富，富有浓厚的浪漫主义色彩，对后世影响很大。李白一生嗜酒，与酒结下了不解之缘。当时杜甫在《饮中八仙歌》中，极其传神地描绘了李白，"李白斗酒诗百篇，长安市上酒家眠。天子呼来不上朝，自称臣是酒中仙。"。这四句诗，写出酒与诗的密切关系；写出李白同平民的

图6-1 李白

亲近；写出李白藐视帝王的尊严。因此，人们很喜欢李白，称他为"诗仙"、"酒仙"。为了称颂和怀念这位伟大的诗人，古时的酒店里，都挂着"太白遗风"、"太白世家"的招牌，此风流传到近代。此外，小说里有曹操煮酒论英雄、关羽温酒斩华雄、武松景阳冈醉打虎、苏轼"把酒问青天"、吴道子醉笔染丹青……这些都是博大丰富的中国酒文化宝库的花絮。

第三节 酒的分类

酒的种类繁多，没有人能说清世界上究竟有多少种酒。由于酿酒的原料种类非常多，酿造方法和技术各异，"酒"可谓万紫千红、百花争艳、多姿多彩。可以根据制作工艺、酒精度、酒的特色和酒的功能等因素将酒进行分类。

一、按照酒精度分类

1. 低度酒

低度酒的酒精度在15度以下。发酵酒的酒精度，通常不会超过15度。因此低度酒指发酵酒。例如，葡萄酒的酒精度约为12度，啤酒的酒精度约为4.5度。

2. 中度酒

通常酒精度在16～37度的酒称为中度酒。这种酒常由葡萄酒加少量烈性酒调配而成。

3. 高度酒

高度酒又称烈性酒，是指酒精度高于38度（包括38度）的蒸馏酒。不同国家和地区对酒精度有不同的认识。我国将38度的酒称为低度酒，而有些国家将20度以上（包括20度）的酒称为烈性酒。

二、按照酿酒原料分类

1. 水果酒

水果酒是以水果为原料，经过发酵或蒸馏制成的酒，如葡萄酒、白兰地酒、味美思酒等。

2. 粮食酒

粮食酒是以谷物为原料，经过发酵或蒸馏制成的酒，如啤酒、米酒、威士忌酒、中国茅台、五粮液等。

三、按照生产工艺分类

1. 发酵酒

发酵酒又称酿造酒，是以水果或谷物等原料经酒精发酵后获得的酒，其酒精度通常较低，如黄酒、啤酒、葡萄酒和其他水果酒等。

2. 蒸馏酒

蒸馏酒是在原料酒发酵后采用蒸馏技术而获得的酒，也就是将发酵酒加热后，通过冷凝收集的，高酒精度的酒，酒精度常在38度以上，如构成世界七大蒸馏酒的中国白酒、白兰地、威士忌、金酒、伏特加等。

3. 配制酒

配制酒是以蒸馏酒或发酵酒为基础（酒基），人工配入一定比例的甜味辅料、芳香原料或中药材、果皮、果实等，混合陈酿后制成的混合酒。其酒精度界于发酵酒和蒸馏酒之间，如各种利口酒、味美思、桂花陈等。

4. 鸡尾酒

鸡尾酒是饭店业、餐饮业按照自有配方将烈性酒、葡萄酒、果汁、汽水及调色和调香原料混合制成的酒。这种酒主要由基本原料和调配原料两部分组成。基本原料称为基酒，调配原料包括利口酒、果汁、汽水、牛奶、鸡蛋等。

除以上分类方法外，还可以根据酒的出产地及酒的等级分类。

第四节 名酒知识

一、葡萄酒

葡萄酒是一种酿制酒，而且仅指以葡萄为原料酿制的酒。它是将葡萄果粒所榨取的果汁加以发酵，所得的一种含酒精饮料。简单地说，就是发酵后含有酒精成分的葡萄汁。葡萄酒的酒精浓度通常在8～15度。

从世界范围来讲，种植葡萄最好的地方，总是在北纬40度这条线上。例如，法国的波尔多、美国的加州，还有咱们中国的新疆、河北的怀柔都在这条线上。

世界上葡萄酒的主要生产国有法国、意大利、德国、瑞士、西班牙、葡萄牙、奥地利、匈牙利、希腊等。其中以法国最为著名，法国葡萄酒三大产区是波尔多地区、勃根地区和香槟地区。另外，意大利葡萄酒产量居世界之冠，出口量与法国并列前茅，产地面积仅次于西班牙。西班牙是世界上葡萄种植面积最大、但平均面积产量最少的国家，产酒量世界排名第三。我国河北沙城产区是全球葡萄酒的重要产区。

1. 影响葡萄酒质量的因素

影响葡萄酒质量的因素有葡萄的品种、年度气候的好坏、阳光日照数的多少、土壤的差异、种植的方式、葡萄株的年龄、采收的成熟度及采收方式、酿造的方法等。

2. 葡萄酒的分类

根据酒的色泽，葡萄酒可分为红葡萄酒、白葡萄酒、桃红葡萄酒三大类。红葡萄酒俗称红酒，发酵时将葡萄皮与葡萄汁一起浸泡、发酵，因此酿成的酒含较高的单宁和色素。桃红葡萄酒又称玫瑰红酒，以红葡萄为原料，压汁后以果皮与汁液共同发酵一段时间，在适合的时候除去果皮，再继续发酵。

3. 葡萄酒的品质鉴赏

一看：看酒标签上的酒名、年份与自己想要的是否吻合，瓶塞是否太干或损坏，瓶塞上标注的内容与酒标签是否一致。透过酒杯观察酒的色泽是否清澈，颜色是深是浅。

二摇：在酒杯中斟上约1/3的酒，然后以画圈的方式轻摇。右手持酒者转逆时针的圈子，左手持酒者则相反。在旋转晃动的过程中，杯中的酒会与空气充分混合，发生氧化反应，从而使酒的香味充分释放出来，这一步又称"醒酒"。

三闻：在摇酒之前先闻一下酒被氧化之前的味道。摇晃以后再闻散发出来的香气。葡萄酒中含数百种不同的气味，一般分成五类。第一类是植物香，主要是陈年香味；第二类是动物性香味，是耐久存的酒经过长年在瓶中存放而出现的香味；第三类是花香味，存放时间短的葡萄酒比较常有，久存之后会逐渐变淡；第四类是水果香味，随着储存时间的延长，会变成较浓的成熟果香；第五类是香料香味，来自橡木桶，大部分是葡萄酒成熟以后散发出来的。

四入口：甜味、酸味、酒精及单宁是构成葡萄酒口味的主要元素，它们彼此之间在味觉上的平衡，常被作为葡萄酒品质判断的标准。把酒含在口中，深吸一口气，让酒香扩散到整个口腔中，体会酒的质感是丰厚还是清淡、单宁和酒精是否配合、香味和温度是否合适、有没有葡萄酒本身的甜度和干度。品尝时四种重要的口感是"甜、酸、涩、余味"，好酒的余味可以持续15～20秒。

五回味：将酒缓缓咽下或吐出，口中留香的时间和丰富性会因酒的种类和品质而有所差别，一般而言，越好的酒，香味越持久，同时香味的种类也越丰富。

二、黄酒

黄酒以大米、黍米、谷物为原料，一般酒精含量为14%～20%，属于低度酿造酒。黄酒含有丰富的营养，含有21种氨基酸，其中包括未知氨基酸，而人体自身不能合成必须依靠食物摄取的8种必需氨基酸，黄酒都具备，故被誉为"液体蛋糕"。

黄酒产地较广，品种繁多，制法和风味各有特色，主要产于中国长江下游一带，著名的有浙江花雕酒、状元红、上海老酒、绍兴加饭酒、福建老酒、江西九江封缸酒、江苏丹阳封缸酒、无锡惠泉酒、广东珍珠红酒、山东即墨老酒等。被中国酿酒界公认、在国际国内市场最受欢迎、最具中国特色的黄酒首推绍兴酒。

1. 按原料和酒曲分类

（1）糯米黄酒：以酒药和麦曲为糖化、发酵剂，主要产于中国南方地区。

（2）黍米黄酒：以米曲霉制成的麸曲为糖化、发酵剂，主要产于中国北方地区。

（3）大米黄酒：是一种改良的黄酒，以米曲加酵母为糖化、发酵剂，主要产于中国吉林省及山东省。

（4）红曲黄酒：以糯米为原料，红曲为糖化、发酵剂，主要产于中国福建省及浙江省两地。

2. 按生产方法分类

（1）淋饭法黄酒：经糖化和发酵45天即可做成。此法主要用于生产甜型黄酒。

（2）摊饭法黄酒：经糖化和发酵60～80天做成。此法生产的黄酒质量一般比淋饭法生产的黄酒质量好。

（3）喂饭法黄酒：此法生产的黄酒与淋饭法及摊饭法生产的黄酒相比，发酵更深透，原料利用率更高。这是中国古老的酿造方法之一，早在东汉时期就已盛行。现在中国各地仍有许多地方沿用这一传统工艺。著名的绍兴加饭酒便是其典型代表。

3. 按味道或含糖量分类

黄酒按味道或含糖量可分为甜型酒(10%以上)、半甜型酒(5%～10%)、半干型酒(0.5%～5%)、干型酒(0.5%以下)。

三、啤酒

啤酒以大麦芽、酒花、水为主要原料,经酵母发酵作用酿制而成的饱含二氧化碳的低酒精度酒。现在国际上的啤酒大部分均添加辅助原料。有的国家规定辅助原料的用量总计不超过麦芽用量的50%。但在德国,除制造出口啤酒外,国内销售啤酒一概不使用辅助原料。国际上常用的辅助原料为玉米、大米、大麦、小麦、淀粉和糖类物质等。

啤酒的起源与谷物的起源密切相关。人类使用谷物制造酒类饮料已有八千多年的历史。最古老的酒类文献,是公元前六千年左右,古巴比伦人用黏土板雕刻的献祭用的啤酒制作法。17～18世纪,德国啤酒盛行,一度使葡萄酒不景气。19世纪初,英国的啤酒生产大规模工业化。19世纪中叶,德国巴伐利亚州开始出现底部发酵法,酿出的啤酒由于风味好,逐渐在全国流行。目前在德国,92%的啤酒是底部发酵法生产的。德国在19世纪颁布法令,严格规定碑酒的原料以保持啤酒的纯度,而且由于实行底部发酵法和进行有规律的酵母纯粹培养,从而提高了啤酒的质量,成为近代慕尼黑啤酒享有盛誉的基础。19世纪末,啤酒输入中国。

四、蒸馏酒

蒸馏酒是乙醇浓度高于原发酵产物的各种酒精饮料。白兰地、威士忌、朗姆酒、金酒、伏特加、特吉拉和中国的白酒都属于蒸馏酒,大多是度数较高的烈性酒。

蒸馏酒的原料一般是富含天然糖分或容易转化为糖的淀粉等物质,如蜂蜜、甘蔗、甜菜、水果、玉米、高粱、稻米、麦类、马铃薯等。糖和淀粉经酵母发酵后产生酒精,利用酒精的沸点(78.5℃)和水的沸点(100℃)不同,将原发酵液加热至两者沸点之间,就可从中蒸出和收集到酒精成分和香味物质。一般的酿造酒,酒度低于20%,蒸馏酒则高达60%以上。我国的蒸馏酒主要是用谷物原料酿造后经蒸馏得到的。

1. 中国白酒

1)概况

中国白酒在饮料酒中独具风格。与其他国家的白酒相比,中国白酒具有特殊的、不可比拟的风味。中国白酒以高粱、玉米、大麦、小麦等为原料,经过制曲、发酵、多次蒸馏、长期熟化而制成的烈性酒。酒色洁白晶莹、无色透明;香气宜人,香型各有特色,香气馥郁、纯净、溢香好,余香不尽;口味醇厚,甘润清冽,酒体协调,回味悠久。

2）种类

中国白酒按香型分为以下几种。

（1）酱香型白酒：以茅台酒为代表，茅台酒产于贵州省仁怀县茅台镇，是以高粱为主要原料的酱香型白酒，酒精度为53度。酱香、柔润为其主要特点。发酵工艺最为复杂，所用的大曲多为超高温酒曲。

（2）浓香型白酒：以五粮液为代表，五粮液产于四川省宜宾市，是以高粱、糯米、大米、玉米和小麦为原料的浓香型白酒，酒精度为60度。此外，还有洋河大曲、泸州老窖特曲。此酒以浓香、甘爽为特点，用多种原料发酵，以高粱为主，发酵采用混蒸续渣工艺，采用陈年老窖，也有人工培养的老窖。在名优酒中，浓香型白酒的产量最大。四川、江苏等地的酒厂所产的酒均是这种类型。

（3）清香型白酒：以汾酒为代表，其特点是清香纯正，采用清蒸清渣发酵工艺，并使用地缸发酵。

（4）米香型白酒：以桂林三花酒为代表，特点是米香纯正，以大米为原料，小曲为糖化剂。

（5）其他香型白酒：主要代表有西凤酒、董酒、白沙液等，香型各有特征，这些酒的酿造工艺采用浓香型、酱香型或清香型白酒的一些工艺，有的酒的蒸馏工艺也采用串香法。

2. 其他六大烈酒

1）白兰地（Brandy）

白兰地是以葡萄或其他水果为原料经发酵、蒸馏而得到的酒。以葡萄为原料制成的白兰地可称为白兰地，而以其他水果为原料制成的白兰地必须标明水果名称，如苹果白兰地、樱桃白兰地等。

2）威士忌（Whisky）

威士忌是以谷物为原料经发酵、蒸馏而得到的酒。世界各地都有威士忌生产，以苏格兰威士忌最负盛名。威士忌可纯饮，也可加冰块饮用，更被大量用于调制鸡尾酒和混合饮料。

3）伏特加（Vodka）

伏特加是以土豆、玉米、小麦等为原料经发酵、蒸馏后精制而成的酒。伏特加无须陈酿，酒精度为40度左右。伏特加既可纯饮，又可广泛用于鸡尾酒的调制。

4）朗姆酒（Rum）

朗姆酒是以蔗糖汁或蔗糖浆为原料，经发酵和蒸馏加工而得到的酒。有时也用糖渣或其他蔗糖副产品作为原料。新蒸馏出来的朗姆酒必须放入橡木桶陈酿一年以上，酒精度为45度左右。朗姆酒按其色泽可分为以下三类。

（1）银朗姆。银朗姆又称白朗姆，是指蒸馏后的酒经活性炭过滤后入桶陈酿一年以上。酒味较干、香味不浓。

（2）金朗姆。金朗姆又称琥珀朗姆，是指蒸馏后的酒存入内侧灼焦的旧橡木桶中至少陈酿三年。酒色较深、酒味略甜、香味较浓。

（3）黑朗姆。黑朗姆又称红朗姆，是指在生产过程中加入一定的香料汁液或焦糖调色剂而制成的朗姆酒。酒色较浓，为深褐色或棕红色，酒味芳醇。

5）金酒（Gin）

金酒又称杜松子酒，是以玉米、麦牙等谷物为原料经发酵、蒸馏后，加入杜松子和其他一些芳香原料再次蒸馏而得到的酒。金酒无须陈酿，酒精度为40～52度。金酒既可纯饮，又可广泛用于调制鸡尾酒。

6）特吉拉酒（Tequila）

特吉拉酒产于墨西哥，是以一种被称为龙舌兰（Agave）的热带仙人掌类植物的汁浆为原料经发酵、蒸馏而得到的酒。新蒸馏出来的特吉拉酒可放在木桶内陈酿，也可直接装瓶出售。

特吉拉酒可净饮或加冰块饮用，也可用于调制鸡尾酒。在净饮时，常用柠檬角蘸盐伴饮，以充分体现特吉拉酒的独特风味。

五、配制酒

配制酒是以烈性酒或葡萄酒为基本原料，配以糖蜜、蜂蜜、香草、水果或花卉等制成的混合酒。配制酒有不同的颜色、味道、香气和甜度，酒精度从16度至60余度不等。法国、意大利和荷兰是著名的配制酒生产国。此外，鸡尾酒也属于配制酒范畴，但是鸡尾酒是在饭店、餐厅或酒吧配制，不是酒厂批量生产，其配方灵活，因此鸡尾酒常作为一个独立的种类。配制酒还称为再加工酒，因为所有的配制酒都是以葡萄酒或烈性酒为原料，配以增香物质、增味物质、营养物质及增甜物质制成的。配制酒主要包括以下几种。

1. 开胃酒（Aperitif）

开胃酒是指在餐前饮用、具有开胃作用的各种酒。一些开胃酒以葡萄酒为原料，加适量白兰地酒或食用酒精、自然药草和香料而制成的，酒精度为16～20度。一些开胃酒以烈性酒为原料，配以草药或茴香油而制成苦酒或茴香酒，酒精度为20～40度不等。除此之外，白葡萄酒、香槟酒和开胃型鸡尾酒也都有开胃作用，但是它们不属于配制酒，因此将它们分别列入葡萄酒和鸡尾酒中。

开胃酒的饮用方法如下。

（1）净饮。使用工具：调酒杯、鸡尾酒杯、量杯、酒吧匙和滤冰器。做法：先把3粒冰块放进调酒杯中，少量开胃酒倒入调酒杯中，再用吧匙搅拌30秒，用滤冰器过滤冰块，把酒滤入鸡尾酒杯中，加入一片柠檬。

（2）加冰饮用。使用工具：平底杯、量杯、酒吧匙。做法：先在平底杯里加入半杯冰块，量1.5量杯开胃酒倒入平底杯中，再用酒吧匙搅拌10秒，加入一片柠檬。

（3）混合饮用。开胃酒可以与汽水、果汁等混合饮用，作为餐前饮料。除此之外，还可调制许多鸡尾酒饮料。

2．甜点酒（Dessert Wine）

甜食是西餐的最后一道食物。有几种专门搭配的强化葡萄酒称为甜点酒。甜点酒是指以葡萄酒为主要原料，并勾兑了白兰地酒或食用酒精，是与甜食一起食用的酒，因此又称甜食酒或点心酒。甜点酒主要功能是与甜点一起食用或代替甜点。甜点酒的口味有甜味、半甜和干味，酒精度为16～20度。

第五节　非酒精饮料

非酒精饮料又称软饮料，一般分为非碳酸饮料和碳酸饮料。

一、咖啡

咖啡的营养价值高。它含有脂肪、蛋白质、咖啡因、糖分、碳水化合物、无机盐和多种维生素，具有振奋精神、解渴防暑、除湿利尿等功效，所以深受人们的喜爱。

咖啡原产于埃塞俄比亚，对于它的发现有许多种不同的说法。其中，人们最能接受的说法是：在3000年前，一个牧羊人看到他所放牧的羊吃了一种无名灌木的果实之后，便兴奋、激动、跑跳不停。于是，牧羊人也亲口尝了这种无名的果实，结果同样感到精神振奋。当地因信奉伊斯兰教，禁止教徒饮酒。于是，人们就用咖啡代替酒类，此法也很快传播开了。

起初，咖啡并不是作为饮料来喝的，而是把生咖啡豆磨碎做成丸子，当成食物或药用。后来又发现咖啡果连壳炒熟能增加香味。从13世纪起，人们才开始从咖啡果里剥出咖啡豆，做成饮料来饮用，直到16世纪才大量种植，并逐渐传播到世界各地，风行至今。咖啡树属常绿灌木，通常种植在海拔1 000～2 000 m的干热高原地带。播种后要经过三四年才结果，优质咖啡豆是从树龄在6～10年的咖啡树上采摘的。咖啡果每年能采摘二三次，咖啡的果实长1.4～1.8 cm，最初呈绿色，成熟后变为深红色，内有两颗种子，炒熟磨成粉即成咖啡。

世界上咖啡产量居第一位的是巴西，哥伦比亚次之，印度尼西亚、牙买加、厄瓜多尔、新几内亚等国家的产量也很高。我国的云南省、海南省所产的咖啡豆的质量丝毫不比世界名咖啡逊色。

咖啡含有脂肪、水分、咖啡因、纤维素、糖分、芳香油等成分，每一种咖啡都有各自不同的特性。咖啡一般有偏向酸、甜、苦、醇、香等不同的味道，为了适应不同的饮用口味，通常要把三种以上的咖啡豆调配成独具一格的另一种咖啡。世界上著名的咖啡品种有蓝山、摩卡、巴西圣多斯、哥伦比亚、曼特林、危地马拉等。

（1）蓝山咖啡(Blue mountain)：是世界上最优越的咖啡。蓝山山脉位于牙买加岛东部，因该山在加勒比海的环绕下，每当天气晴朗的日子，太阳直射在蔚蓝的海面上，山峰上反射出海水璀璨的蓝色光芒，故而得名。蓝山最高峰海拔2256米，是加勒比地区的最高峰，也是著名的旅游胜地。这里地处咖啡带，拥有肥沃的火山土壤，空气清新，没有污染，气候湿润，终年多雾多雨，平均降水为1980毫米，气温在27℃左右，这样的气候造就了享誉世界的牙买加蓝山咖啡，同时也造就了世界上最高价格的咖啡。此种咖啡拥有所有好咖啡的特点，不仅口味浓郁香醇，而且由于咖啡的甘、酸、苦三味搭配完美，所以完全不具苦味，仅有适度而完美的酸味。一般都单品饮用，但因产量极少，价格昂贵无比，所以市面上一般都以味道近似的咖啡调制。

（2）摩卡咖啡(Mocha)：只生产于阿拉伯半岛西南方的也门共和国、生长在海拔三千至八千英尺陡峭的山侧地带，也是世界上最古老的咖啡。摩卡咖啡润滑之中带酸至强酸、甘性特佳、风味独特，含有巧克力的味道；具有贵妇人的气质，是极具特色的一种纯品咖啡。

（3）圣多斯咖啡(Santos)：主产于巴西圣保罗。这种咖啡酸、甘、苦三味属中性，浓度适中，带适度酸味，口感顺滑而略带坚果余味，是最好的调配用豆，被誉为咖啡之中坚。

（4）曼特林咖啡（Mandeling Coffee）：主要产于印度尼西亚的苏门答腊岛，此地所产的曼特林也属同类中最有名的，其产量占全世界产量的70%～80%。轻酸度，香味浓复厚，苦味较重，风味独特，可作为单品饮用，也是调配综合咖啡的良品。此种咖啡是世界上需求量最大的咖啡之一，也有传"越难看的咖啡豆，味道越好"，是世界上密度最大的咖啡之一。

由于咖啡具有振奋精神、消除疲劳、除湿利尿、帮助消化等功效，所以成为深受人们喜爱的饮料。常见的咖啡有两种，一种是速溶咖啡，另一种是焙炒咖啡。在咖啡食谱中，流行的有清咖啡、牛奶咖啡、法式咖啡、土耳其咖啡、皇家咖啡、维也纳咖啡、爱尔兰咖啡、西班牙咖啡和意大利咖啡等。

二、可可

可可产于美洲热带，果实呈长卵圆形，颜色为红黄色或褐色。其种子扁平，果壳厚而硬。将种子焙炒、粉磨后即得到可可粉，可可粉既可食用，也可供药用，有强心、利尿的功效。常见的饮品有清可可、牛奶可可、冰淇淋可可等。

三、鲜奶

鲜奶含有丰富的蛋白质、脂肪、乳糖、维生素和人体所必需的矿物质，如钙、铁、磷等。其营养成分最为全面、丰富，而且全为天然成分，极易为人体所吸收。

四、矿泉水

由岩石中浸出的无杂质污染的清泉为矿泉水。它含有多种人体所需的矿物质，如锶、偏硅酸等，是目前深受人们喜爱的饮料。世界上最有名的矿泉水是法国依云矿泉水和巴黎矿泉水。

五、果汁

各种鲜果汁、蔬菜汁是直接挤榨水果、蔬菜而获得的。它们含有丰富的矿物质、维生素、糖类及有机酸等物质。而且果汁具有碱性，能防止因肉食过多而引起的酸中毒症。常见的果汁有粒粒橙汁、柠檬汁、芒果汁、椰子汁、马蹄爽、番茄汁、果茶等。

六、汽水

汽水是一种含有大量二氧化碳气体的清凉解暑软饮料。按配制原料可分为奎宁水、柠檬水和可乐。常见的汽水有雪碧、可口可乐、百事可乐、健力宝等软饮料。

软饮料除了单饮外，也可互相混合在一起饮用，如橙汁与菠萝汁、矿泉水与青柠汁混合饮用。

 复习思考题

一、选择题

1. 被人称为鸡尾酒的心脏的是（　　）。

　　A. 英式金酒　　B. 荷兰金酒　　C. 威士忌酒　　D. 白兰地酒

2.（　　）的储存年限越长越好。

　　A. 洋酒　　　　B. 黄酒　　　　C. 白酒　　　　D. 啤酒

3.（　　）威士忌酒具有橡木的芳香味和烟熏味。

　　A. 苏格兰　　　B. 爱尔兰　　　C. 美国　　　　D. 加拿大

4. 以葡萄或其他水果为原料经发酵、蒸馏而得到的酒是（　　）。

　　A. 白兰地　　　B. 威士忌酒　　C. 金酒　　　　D. 伏特加酒

5. XO是指（　　）陈的白兰地。

　　A. 70年　　　　B. 50年　　　　C. 40年　　　　D. 20～40年

6.（　　）在常温下饮用。

　　A. 白葡萄酒　　B. 红葡萄酒　　C. 啤酒　　　　D. 香槟酒

7. 下列选项中，由粮食发酵、蒸馏获得的烈性酒是（　　）。

　　A. 白兰地酒　　B. 特吉拉酒　　C. 朗姆酒　　　D. 威士忌酒

8. 世界最畅销的啤酒是（　　）。

　　A. 百威啤酒　　B. 爱尔啤酒　　C. 虎牌啤酒　　D. 科罗娜啤酒

9. 用于生产黄酒的最佳原料是（　　）

　　A. 大麦　　　　B. 小麦　　　　C. 糯米　　　　D. 小米

10. 通常可用作餐后酒的酒类是（   ）。

    A. 伏特加酒　B. 利口酒　　　　C. 葡萄酒　　　　D. 白兰地酒

11. 下列对朗姆酒的表述中，正确的有（   ）。

    A. 以马铃薯为原料

    B. 蒸馏液的酒精度不得低于80%

    C. 主要产马铃薯国均有朗姆酒生产

    D. 浅色朗姆酒至少需储存3年

12. 茅台酒是（   ）。

    A. 酱香型　　B. 浓香型　　　　C. 清香型　　　D. 米香型

13. 餐厅酒水服务中，下列表述正确的是（   ）。

    A. 甜食酒在吃甜食时用

    B. 利口酒可在餐后用

    C. 口感清新的葡萄酒配口感浓郁的菜肴

    D. 浓郁口味的葡萄酒配清淡的菜肴

14. 清澈透明、气味焦香、略有烟熏之味的威士忌具有浓厚的（   ）乡土气息。

    A. 苏格兰　　B. 爱尔兰　　　　C. 美国　　　　D. 加拿大

15. 下列选项中，属于固态饮料的是（   ）。

    A. 果汁　　　B. 速溶咖啡粉　C. 牛奶　　　　D. 豆浆

16. 啤酒生产中加入啤酒花酿制技术的首创国家是（   ）。

    A. 中国　　　B. 意大利　　　C. 英国　　　　D. 德国

17. 下列选项中，属于餐后类配制酒的是（   ）。

    A. Vermouth　B. Sherry　　　C. Port　　　　D. Liqueur

18. 朗姆酒是用（   ）为原料，经发酵、蒸馏而得到的烈性酒。在靠近赤道的一些国家产量较大。

    A. 土豆　　　B. 大麦　　　　C. 甘蔗　　　　D. 小麦

19. 酒的种类十分繁多，按照传统的方法和多数人的习惯，我们把用野生植物淀粉原料或含糖原料生产的酒，习惯称为（   ）。例如，用青杠子、薯干、木薯、芭蕉芋、糖蜜等为原料生产的酒。

    A. 粮食酒　　B. 代粮酒　　　C. 果酒　　　　D. 以上都不是

20. 按酒的香型可把白酒划分为五种：酱香型酒、浓香型酒、清香型酒、米香型酒和其他香型酒，其中泸州特曲属于（   ）。

    A. 酱香型酒　B. 米香型酒　　C. 清香型酒　　D. 浓香型酒

21. 白兰地最著名的产地当属法国（   ）地区。

    A. 波尔多地区　　　　　　　B. 香槟地区

    C. 干邑地区　　　　　　　　D. 雅邑地区

22. 利口酒的种类很多，按使用原料分类，主要可以分为三类，以下不属于其种类的是（   ）。

A．果类利口酒 　　　　　　B．草类利口酒

C．种类利口酒 　　　　　　D．汁类利口酒

23．酒的酿造方法主要有三种，以下不属于酿酒方法的是（ 　　 ）。

A．蒸馏法 　　B．酿造法 　　C．配制法 　　D．增陈法

24．葡萄酒的颜色可以从多个方面取得，以下不属于其获取方式的是（ 　　 ）。

A．橡木桶 　　　　　B．人工添加色素

C．酿酒原料 　　　　D．酒品在生产过程中自然生色

25．葡萄酒存放时，瓶口向下是为了（ 　　 ）。

A．安全 　　B．取放方便 　　C．保持瓶塞湿润 　　D．国际惯例

26．根据历史记载，人类开始人工酿酒的历史是在（ 　　 ）时代。

A．近代 　　B．远古 　　C．旧石器 　　D．新石器

27．大、小香槟区是法国（ 　　 ）最著名的葡萄产区。

A．香槟地区 　　B．干邑地区 　　C．波尔多地区 　　D．勃艮第地区

28．以下（ 　　 ）酒产地在中国安徽省亳州。

A．洋河大曲 　　B．剑南春 　　C．古井贡酒 　　D．杜康酒

29．下列（ 　　 ）酒不属于烈酒。

A．白兰地 　　B．茅台酒 　　C．伏特加 　　D．香槟酒

30．日本是有名的啤酒生产国，其中具有代表性的产品是（ 　　 ）。

A．锚牌 　　B．麒麟 　　C．雪花 　　D．五星

31．白兰地酒标上的缩写字母VSOP代表的年限标志是（ 　　 ）。

A．12～15年 　　B．15～18年 　　C．25～30年 　　D．45年

32．按国家标准规定，以下（ 　　 ）不属于按口味分类。

A．干 　　　　B．半干 　　　　C．半甜 　　　　D．玫瑰红

33．浓香型白酒香味浓郁，这种香型的白酒具有窖香浓郁、绵甜爽净的特点。它的主体香源成分是己酸乙酯和丁酸乙酯。以下属于浓香型的酒是（ 　　 ）。

A．汾酒 　　　　B．泸州老窖 　　C．郎酒 　　　　D．珍酒

34．米香型白酒的特点是蜜香清雅，入口柔软，落口爽净，回味甘畅。以下属于米香型的酒是（ 　　 ）。

A．洋河大曲 　　B．剑南春 　　C．桂林三花酒 　　D．全兴大曲

35．下列选项中，属于半干型黄酒的是（ 　　 ）。

A．元红酒 　　B．加饭酒 　　C．花雕酒 　　D．善酿酒

二、判断题

1．威士忌据说最早起源于爱尔兰。 （ 　　 ）

2．我们通常习惯把烈酒分为六大类，即金酒（Gin）、威士忌（Whisky）、白兰地（Brandy）、伏特加（Vodka）、利口酒（liqueur）和特吉拉酒（Tequila）。 （ 　　 ）

3．世界葡萄酒产量和销售最多的国家是法国。 （ 　　 ）

4．葡萄酒的饮用程序一般是从轻型到厚重，从白酒到红酒。 （ 　　 ）

5．纯生啤酒是指不经过高温杀菌而保质期同样能达到熟啤酒的标准的啤酒。

（　　）

6．啤酒是以水稻为主要原料，添加酒花，经酵母发酵酿制而成的，是一种含二氧化碳、起泡、低酒精度的饮料酒。

（　　）

7．啤酒开启后，如果未及时饮完，会很快失去原有风味，时间一长，还有可能变质，将这种啤酒倒入花盆里，是一种极好的芳香肥料，可促使花盆里的花生长得更加茂盛。

（　　）

8．干型葡萄酒（干白、干红）仅指葡萄酒中含糖量的多少，并没有其他的含义。

（　　）

9．冰啤酒指的是生产工艺当中采用了一道特殊的工艺——将发酵后的啤酒经过深层冷冻，在冷冻过程中结成的冰晶吸附了啤酒当中的大部分苦、涩等不良物质，从而使生产的啤酒口味更加纯正、鲜美。

（　　）

10．啤酒花作为啤酒工业的原料开始使用于德国，使用啤酒花的主要目的是利用其苦味、香味来实现防腐和澄清麦汁的作用。

（　　）

第七章　鸡尾酒概述

1. 认识鸡尾酒的源流。
2. 掌握鸡尾酒的特点和组成。
3. 了解调酒师的职业要求。

第一节　鸡尾酒的源流

一、鸡尾酒的起源

鸡尾酒（Cocktail）是由酒和饮料，按一定的比例和方法调配而成的混合饮料（Mixing Drink）。

鸡尾酒诞生200多年来，关于其起源，很多国家对此有争议，如英国、西班牙、美国等。

1. 最流行的说法

鸡尾酒源自美国独立战争时期。有一个来自爱尔兰的移民少女蓓丝，在约克镇附近开了一个客栈兼酒吧。

1879年，美法联军到客栈聚会，品尝了蓓丝自制称为"臂章"的饮料，提神解困，大受欢迎。但蓓丝小姐邻居是一个很会养鸡的保守派人士，敌视联军，因此联军士兵戏称蓓丝为"最美丽的小母鸡"。蓓丝对这一称呼耿耿于怀，迁怒于邻居，趁月黑风高夜，将邻居的鸡全部宰杀，烹制全鸡大餐，招待联军士兵，并且用鸡尾毛装饰"臂章"饮料。士兵们兴高采烈，一个法国军官激动地高呼"鸡尾酒万岁"，于是鸡尾酒就流行起来。

2. 最浪漫的说法

19世纪，美国人克里福德在哈德逊河边经营一间酒店，他有三件引以自豪的宝贝，人称"克氏三绝"：一是他有气宇轩昂的大公鸡，是斗鸡场上的常胜将军；二是他的酒库拥有世界上最好的美酒；三是他的女儿艾思米莉是全镇第一美人。

镇上名叫阿普鲁思的年轻船员，每晚来酒店闲坐谈天，与艾思米莉日久生情，坠入爱河。小伙子勤奋、踏实、性情温雅，老板很高兴。但老板为女儿将来着想，提出了娶女儿的条件，"想吃天鹅肉，努力当船长"。几年后，小伙子果真当上了船长，老板也实现了自己的诺言，在阿普鲁思和艾思米莉的婚礼上，老板拿出酒窖里的全部美酒，调成可口的饮料，并在酒杯上用鸡尾毛装饰，为女儿和女婿祝福，有的客人兴奋地高喊"鸡尾酒万岁"，从此鸡尾酒就流行开了。

3. 最权威的说法

国际调酒师协会（IBA）的说法：很久以前，英国船开进墨西哥的尤卡里半岛的坎佩切港，水手们找到一酒吧喝酒解乏，酒吧中一个少年酒保用一根鸡尾形状的无皮树枝搅着一种混合饮料。水手们好奇地问混合饮料的名字，小酒保误认为是树枝名称，随口答道"考拉德嘎窖"，即西班牙语"公鸡尾"的意思，这样公鸡尾成了混合饮料的总称。

二、鸡尾酒的发展

1806年，鸡尾酒一词在美国的杂志上出现。1862年，美国人托马斯出版了鸡尾酒专著，促进了鸡尾酒的流行。

1882年，美国人约翰逊出版了有关鸡尾酒配方的图书，推动了鸡尾酒文化的传播，如曼哈顿鸡尾酒就位列其中。

1920～1933年，是美国禁酒令时期，也是鸡尾酒发展的黄金时期。制冷业的发展，为鸡尾酒的发展插上了科学的翅膀，完善了鸡尾酒的口感，因一般鸡尾酒在4～6度饮用口感最佳。禁酒令时期，酒的走私频繁，偷饮不断，私酿普遍，以威士忌、白兰地、伏特加、兰姆酒、金酒等为基酒的鸡尾酒大量涌现，促进了鸡尾酒的繁荣，如伏特加加茄汁调制的血玛丽就是当时的杰作。酒的走私，促进了鸡尾酒文化传播到世界各地，使鸡尾酒成为世界流行的饮品。

20世纪的两次世界大战，给人类带来巨大灾难，西方军人寄情于鸡尾酒，客观上加速了鸡尾酒文化在全球的传播。

现在，鸡尾酒已成为欧美等国大众饮品，酒吧成为男女老少休闲、社交的重要场所之一。在美国大都市，酒吧就如我国早点摊一样普遍。在英国伦敦，大都会酒吧是时尚、名流的代名词。在德国，杜塞尔多夫的酒吧街号称世界上最长的酒吧街，有260余间酒吧。

三、鸡尾酒在中国

清末，慈禧提倡新生活运动，皇宫就有了鸡尾酒。20世纪30年代，上海、青岛、哈尔滨等地，鸡尾酒主要服务于西方消费者。改革开放促进了鸡尾酒在中国的快速发展。加入WTO后，中国成为世界重要旅游客源国和旅游目的地，年轻人、商务人士越来越喜欢在酒吧休闲和社交，在上海就有好几千家酒吧。例如，以复旦大学、同济大学为依托，江湾五角场中心的校园酒吧；武汉著名景点汉口江滩，以美丽的长江江滩为外景，把人与自然、花式调酒表演与爵士乐相结合，增加了调酒的观赏性和宾客的参与性，深受商务人士的喜爱；在北京有著名的三里屯酒吧街，把中国国情和西方酒吧文化相融合，代表鸡尾酒在中国的发展方向。

第二节 鸡尾酒的特点和分类

一、鸡尾酒的概念

鸡尾酒最初是一种量少而性烈的冰镇混合饮料，后来不断发展变化，到现在它的范围已变得很广了。鸡尾酒是指将两种或两种以上的饮料，通过一定的方式，混合而成的一种新口味的含酒精饮品。

鸡尾酒的主配料称为基酒，它决定鸡尾酒的风格、品味和基调，而副配料则勾兑出鸡尾酒的色、香、形，当把几种配料摇匀调制，使之充分混合、冷却，成为味道和谐，色、香、形兼备的鸡尾酒时，仍要保持其刺激性的口感，否则便失去鸡尾酒的风格。

二、鸡尾酒的特点

1. 鸡尾酒能满足大众口味

鸡尾酒的酒精含量高、中、低兼备，多数鸡尾酒的酒精含量较低，甚至是不含酒精的软饮料（Soft）。男女老少都能从中挑选自己喜爱的各款鸡尾酒，在酒宴或社交场所，一杯在手，既不失礼节，也不必为不能饮酒而感到尴尬。

2. 鸡尾酒是所有酒类中色、香、味最丰富的酒品

由于采用了世界上著名的酒品，添加了各种香料，加上装饰物品的点缀，鸡尾酒造型新奇，酒色艳丽，味道独特，香味变幻无穷，配方达到3000多个。

3. 鸡尾酒是一种艺术品

鸡尾酒色彩斑斓，赏心悦目，反映了人类多姿多彩的生活，被人们所喜爱，由红的糖浆、绿的利口酒、黄的果汁等装扮的鸡尾酒，借助水果造型的点缀，如同一件艺术品，满足了人们对美好生活的追求。

4. 鸡尾酒凝聚了丰富的酒文化

鸡尾酒从起源到各种款式酒品的命名，都留下了许多动人的故事，所用原料、酒品创制历史悠久，具有世界各民族酒文化的丰富内涵。

三、鸡尾酒的组成

鸡尾酒又称混合饮料，以兰姆酒、威士忌或其他烈酒、葡萄酒为基酒，再配以其他材料，如果汁、蛋、糖、苦精等，以搅或摇荡方法调制而成，最后饰以柠檬片或薄荷叶。由此可见，鸡尾酒由以下四大要素组成。

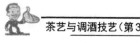

1. 基酒

基酒是鸡尾酒的灵魂，决定鸡尾酒的风格。例如，特吉拉酒是玛格丽特（Margarita）鸡尾酒产生浓烈风格的主体。常用作基酒的酒有金酒、伏特加、白兰地、威士忌、朗姆酒、特吉拉酒、中国白酒、利口酒、香槟酒、葡萄酒、啤酒等。

2. 调配料

调配料是用来调和酒精度、增加色彩、增添香味和丰富鸡尾酒口感的材料。例如，自由古巴（Guba Libre）用冰可乐降低朗姆酒的度数，使之成为欧美等国常用的混合饮料；红粉佳人（Pink Lady）用石榴糖浆增加红色、丰富口感，是国内很受欢迎的一款鸡尾酒。常用的调配料有冰、水、苏打水、可乐、七喜、雪碧、奎宁水、姜汁汽水、砂糖、糖浆、牛奶、豆蔻、肉桂、薄荷、丁香、柠檬汁、橙汁、西柚汁、菠萝汁、葡萄汁、西红柿汁、水蜜桃汁等。

3. 酒杯

酒杯（见图7-1）选用无色透明的玻璃，能充分展示鸡尾酒的色彩。杯形以能丰富鸡尾酒的形象为好，如彩虹鸡尾酒选择利口杯，使色彩的变化更秀美自然。鸡尾酒常用杯具有鸡尾酒杯、古典杯、海波杯、哥连士杯、果汁杯、白兰地杯、利口酒杯、甜酒杯、酸酒杯、雪利杯、白葡萄酒杯、红葡萄酒杯、郁金香形香槟杯、浅香槟杯、果冻杯等。

图7-1　酒杯

4. 鸡尾酒的装饰

鸡尾酒的装饰突出了鸡尾酒的风格，增添了鸡尾酒的视觉享受，提高了鸡尾酒品赏的趣味性，丰富了鸡尾酒的艺术效果。例如，艳阳天鸡尾酒用红樱桃串点缀，既突出鸡尾酒的风格，又大大增加了鸡尾酒的艺术感染力。

四、鸡尾酒的分类

1. 按调制风格分类

1）英式调酒

英式调酒主要在星级酒店或古典类型的酒吧，英式调酒师很绅士，通常穿着英式马甲，调制酒的过程文雅、规范。

2）花式调酒

花式调酒起源于美国，是在较为规范的英式调酒过程中加入一些花样的调酒动作，如抛瓶类技巧动作及魔幻般的互动游戏，起到活跃酒吧气氛，提高娱乐性的作用，调酒过程中的观赏性也极强。

2. 按鸡尾酒的容量和酒精含量分类

1）短饮(Shont Drink)

短饮，意即短时间喝的鸡尾酒，时间一长风味就减弱了。此种酒采用摇动或搅拌及冰镇的方法制成，使用鸡尾酒杯。短饮是一种酒精含量高，分量较少的鸡尾酒，饮用时通常可以一饮而尽，不必耗费太多的时间，如马提尼、曼哈顿等均属此类。一般认为鸡尾酒在调好后10～20分钟饮用为好。大部分酒精度为30度左右。

2）长饮（Long Drink）

长饮是用烈酒、果汁、汽水等混合调制，酒精含量较低的饮料，是一种较为温和的酒品，可放置较长时间不变质，因而消费者可长时间饮用，故称为长饮。

3. 按所用基酒来分类

鸡尾酒按所用基酒可分为金酒类、白兰地类、朗姆酒类、威士忌类、伏特加类、特吉拉酒类，其他。

4. 按饮用时间和地点来分类

可分为餐前鸡尾酒、餐后鸡尾酒、晚餐鸡尾酒、睡前鸡尾酒、俱乐部鸡尾酒。

5. 按调酒原料、调酒方法、所用载杯和装饰艺术等来分类

1）开胃酒（Aperitif）

开胃酒又称餐前酒，是指在餐前饮用，喝了能刺激人的胃口，使人增加食欲。餐前酒的调制多以方法简单、口感清爽、干净为主。例如，欧洲多数人以不甜的白酒或香槟调制的科尔（Kir）或皇家科尔（Kir Royal）作为餐前酒；而美洲人则多数喜欢饮干马天尼（Dry Martini）或金汤力（Gin Tonic）开胃。

鸡尾酒按就餐时间分为餐前鸡尾酒（口感不甜，有开胃效果）、餐后鸡尾酒（口感较甜，有助消化的功效）、全天候鸡尾酒（随时饮用，多属长饮）。

2）提神酒（Pick-Me-Up）

提神酒类是以白兰地、香槟或薄荷酒为基酒，加入柠檬汁、鲜蛋、红必打士等调制而成的鸡尾酒，此酒能为浑身无力之人解酒和宿醉未醒之人提神，如香槟提神酒（Champagne Pick-Me-Up）。

3）哥连士（Collins）

哥连士是以金酒或其他烈酒为基酒，加入柠檬汁、苏打水，在哥连士杯中搅匀，用柠檬片、橙片及樱桃装饰而成的。最著名的是美国发明的长饮——汤姆哥连士（Tom Collins）。

4）库勒（Cooler）

库勒是以威士忌酒等烈酒或葡萄酒为基酒，加入果汁或苏打水，以高身杯盛装，用果皮装饰的一种长饮，如香槟库勒（Champagne Cooler）和威士忌库勒（Whisky Cooler）。

5）考伯乐（Cobbler）

考伯乐是以葡萄酒或烈酒为基酒，加入柠檬汁等，注入盛满碎冰的高脚杯中，

用鲜果装饰，如香槟考伯乐和白兰地考伯乐。

6）大杯酒（Cup）

大杯酒是以利口酒、葡萄酒或苏打水等为原料调制而成的，多用大玻璃缸按份数调制，是源于英国的清凉饮品，如红酒杯（Claret Cup）。

7）海波杯（Highball）

海波杯是以烈酒为基酒，加入苏打水等混合，用海波杯盛装而成的长饮，如威士忌苏打。

8）宾治（Punch）

宾治是以各种酒为基酒，在宾治缸中加入果汁、时令水果、冰块、碳酸饮料调制而成的，专供大、中型酒会使用，可分为冷饮类（Cold Punch）和热饮类（Hot Punch），也可分为酒精饮料，如园丁宾治（Planter's Punch）、苹果白兰地宾治（Applejack Punch）和软饮料，如卡蒂娜宾治（Cardinal Punch）。

9）得奇利（Daiquiri）

得奇利是以朗姆酒为基酒，加入柠檬汁、糖等调制而成，用高脚杯盛装的清凉长饮，即调即饮，口感好，如菠萝得奇利（Pineapple Daiquiri）。

10）黛丝（Daisy）

黛丝是以金酒等烈酒为基酒，加入糖浆及果汁调制而成，用柠檬片装饰的鸡尾酒，如金黛丝（Gin Dais）。

11）希拉布（Shrub）

希拉布是以朗姆酒等烈酒为基酒，加入糖及果汁，经较长时间的放置，成熟后饮用的一种风味独特的鸡尾酒，是调制时间最长的鸡尾酒之一，如朗姆希拉布（Rum Shrub）。

12）蛋诺（Egg No）

蛋诺是以白兰地等酒为基酒，加入鸡蛋、牛奶调制而成的长饮，有热饮和冷饮，如波本蛋诺（Bourbon Egg No）。

13）菲丽蒲（Flip）

菲丽蒲是以白兰地等烈酒为基酒，加入鲜蛋、糖浆及其他物质，在有冰的调酒壶中摇匀，滤入鸡尾酒杯内，撒少许豆蔻粉而制成的短饮，如味美思菲丽（Vermouth Flip）。

14）菲士（Fizz）

菲士是以金酒或其他烈酒为基酒，加入果汁、糖浆，摇匀，滤入有冰高身杯，注入苏打水或香槟酒，气体溢出酒杯外，发出咝咝之声而得名的长饮，是西式午餐前、午餐后常用饮料，最有名的是金菲士（Gin Fizz）。

15）菲克斯（Fix）

菲克斯是以威士忌或其他烈酒为基酒，加入糖水、柠檬汁等搅拌而成的长饮，与菲士的区别是它不含碳酸，如爱尔兰菲克斯（Irish Fix）。

16）司令（Sling）

司令是以烈酒为基酒，加入柠檬汁、苏打水，饰以柠檬等果皮的长饮，如最著名的新加坡司令（Singapore Sling）。

17）佛来倍（Frappe）

佛来倍是以利口酒或烈酒为基酒，直接淋入盛满刨冰或碎冰杯中而制成的，如朗姆佛来倍（Rum Frappe）。

18）雾（Mist）

雾是以威士忌为主要基酒，加入柠檬汁等，直接注入有冰杯中调制而成的短饮，多用柠檬皮装饰调味，如加拿大之雾。

19）螺丝钻（Gimlet）

螺丝钻是以金酒等为基酒，加入青柠檬汁及其他物质，用吧匙搅拌的一种鸡尾酒。其制法简单，口味独特，是鸡尾酒的活化石，如世界名鸡尾酒螺丝钻（Gimlet）。

20）朱丽蒲（Julep）

朱丽蒲是以威士忌或其他烈酒为基酒，加入薄荷、糖等调制而成的鸡尾酒，如薄荷朱丽蒲（Mint Julep）。

21）四维索（Swizzle）

四维索是以朗姆或其他烈酒为基酒，加糖、青柠檬汁和苏打水等，用四维索搅拌均匀，是一种冰凉的甜味长饮。四维索原是西印度群岛上的一种小树枝，岛民手搓树枝，借顶上三角丫枝使朗姆酒与冰等混合，冰镇用来消暑解渴，从中可以看出鸡尾酒在乡村的发展。现在酒吧四维索多用仿制品，如印第潘登四维索（Independence Swizzle）。

22）利克（Rickey）

利克是以金酒等烈酒为基酒，加青柠檬汁及其他物质调制而成的长饮，杯中插调酒棒，供客人边搅边饮，也有装饰功能，如金利克（Gin Rickey）。

23）托迪（Toddy）

托迪是以威士忌为基酒，加糖、柠檬等，搅拌成热饮或冷饮，如热威士忌托迪（Toddy-Hot）。

24）左盟（Zoom）

左盟是以烈酒为基酒，加蜂蜜、浓奶油、冰块摇制而成的短饮，如金左盟（Gin Zoom）。

25）酸（Sour）

酸是以白兰地或其他烈酒为基酒，加柠檬汁、糖等其他调料调制，盛入杯中而成的短饮，酸甜口味，有开胃提神的功能，如白兰地酸（Brandy Sour）。

26）漂（Float）

漂是利用各种饮品比重的不同，使之在杯中不混合的一种鸡尾酒，如彩虹酒。

27）霸客（Buck）

霸客是以金酒或其他烈酒为基酒，加姜汁、汽水、青柠檬汁、冰等调制，饰以柠檬片的长饮，如金霸客（Gin Buck）。

28）亚力山大（Alexander）

亚力山大是以金酒、利口酒、牛奶等制成的短饮，口感浓厚，如咖啡亚力山大（Coffee Alexander）。

29）曼哈顿（Manhattan）

曼哈顿是以味美思和黑麦威士忌为基酒，加苦精、果汁等调制而成的短饮，如甜曼哈顿（Sweet-Manhattan）。

第三节　调酒师的职业要求

调酒师（Bartender或Barman）是在酒吧或餐厅调制、销售和管理酒水的服务人员。

随着社会的发展，消费者对调酒师的要求越来越高，美国把调酒师称为"丧失了希望和梦想的人赖以倾诉心声的最后对象"。

一、职业道德

1. 礼貌待人，热情服务

酒吧是休闲和社交场所，礼仪是维持人类正常交往的基本准则，礼貌待人既是对宾客的尊重，也避免了服务中的误会。

礼貌待人的要求：调酒师使用敬言，语音柔和；肢体语言优雅大方；对待宾客，一视同仁，杜绝以貌取人；先到先服务，严禁朋友优先。

热情服务的要求：微笑待客，真诚待人，做到熟客和新客一个样，防止因对熟客过分热情而给新客带来不快。热情服务能给情绪低落的客人送去温暖，使开心的客人心情更加舒畅。

真诚待人的要求：对低单消费和高单消费客人一样热情，严禁对低单消费宾客私下议论。

2. 干净卫生，安全第一

卫生、安全是鸡尾酒服务的最基本的规范。要求酒吧环境干净卫生，设备、用具、用品干净卫生，调酒师个人干净卫生，调酒师操作干净卫生，酒水不变质。卫生是安全的基础，防火、防灾是安全的保障。安全消费是对客人、对生命最大的尊重。

3. 合理经营，忠于职守

合理经营是酒吧长期发展的保证。酒吧利润应与其档次相符。过高的毛利、偷工减料、以假充真、损害客人利益的酒吧是很难维持的，只有做到公平守信、合理经营，让客人拥有物有所值的消费感受，酒吧才能生意兴隆。

忠于职守的要求：调酒师在服务过程要做好本职工作，洁身自好，严禁偷饮或用酒水送人情。这既损害了酒吧利益，也影响了调酒师的自我发展。

二、文化素质

调酒师应了解世界发展史，熟知中国发展史，了解世界地理，熟知中国地理，掌握酒吧服务英语，和客人交流顺畅。

调酒师应熟知国际礼仪、旅游心理学，礼貌待客，服务周到。

调酒师应熟知全国著名景点、本地旅游景点、交通状况、酒店、酒吧、商场、娱乐场所等，便于为客人提供细致的服务。

调酒师应具有一定的沟通能力，特别是语言表达能力，便于与客人沟通，推销酒水，提高信息交流的质量。

调酒师应熟悉数学运算，便于管理酒吧和控制酒水成本。

调酒师应掌握调酒原料色彩搭配的原理，了解调酒的背景音乐。

三、仪容仪表

调酒师要仪容端庄、大方，仪表整洁、卫生。

在饭店酒廊、宴会酒吧，调酒师要讲究服务规范，体现绅士风度、淑女风范。男调酒师不留胡须，留发不过耳；女调酒师无披发、化淡妆、不戴首饰、不涂指甲油。服装能体现酒吧风格、酒店特色。男调酒师要穿白衬衣、马甲，打领结，穿黑西裤、黑皮靴；女调酒师要穿短裙、肉色袜子。但是在酒吧从事花式表演的调酒师则追求仪容仪表服务的个性化和潇洒自如的表演效果。

四、专业素养

调酒师应具有良好的服务意识，热爱调酒工作，做好随时为客人服务的准备。调酒师应具有丰富的酒水知识，熟知调酒原料如何储存、保管，熟练使用调酒设备、用具，熟悉酒吧服务程序和管理技巧。

调酒师应具有娴熟的调酒技术、表演技巧、创新能力，这是一个调酒师成熟的标志。

 复习思考题

一、判断题

1. 鸡尾酒是混合饮料。　　　　　　　　　　　　　　　　　（　　）
2. 曼哈顿鸡尾酒出现了120余年。　　　　　　　　　　　　（　　）
3. 美国禁酒令期间是鸡尾酒发展的黄金时期。　　　　　　　（　　）
4. 德国慕尼黑啤酒节是每年的10月8日。　　　　　　　　　（　　）
5. 英国酒吧每天晚12点打烊。　　　　　　　　　　　　　　（　　）
6. 含啤酒的鸡尾酒维生素C含量丰富。　　　　　　　　　　（　　）
7. 基酒决定鸡尾酒的风格。　　　　　　　　　　　　　　　（　　）

8. 欧洲人喜欢饮干马天尼开胃。　　　　　　　　　　（　　）

9. 库勒鸡尾酒可选用高杯盛装。　　　　　　　　　　（　　）

10. 大杯酒起源于英国。　　　　　　　　　　　　　　（　　）

二、调酒师职业体验

组织同学参观酒吧。

第八章 鸡尾酒的制作

教学目标

1. 了解调酒用品和用料。
2. 熟练掌握调酒的基本技法。
3. 掌握花式调酒表演技法。

第一节 调酒用品和用料

一、常用酒杯

（1）鸡尾酒杯（Cocktail Glass），容量为98毫升，多用于饮短饮类鸡尾酒。

（2）浅香槟杯（Champagne Saucer），容量为126毫升，用于饮香槟酒和鸡尾酒。

（3）郁金香形鸡尾酒杯（Champagne Tulip），容量为126毫升，用于饮香槟酒和鸡尾酒。

（4）红葡萄酒杯（Red Wine Glass）容量为224毫升，用于饮红葡萄酒和鸡尾酒。

（5）白葡萄酒杯（White Wine Glass），容量为168毫升，用于饮白葡萄酒和鸡尾酒。

（6）白兰地杯（Brandy Snifter），容量为224～336毫升，净饮白兰地酒专用。

（7）利口酒杯（Liqueur Glass），容量为35毫升，用于饮餐后甜酒和彩虹酒。

（8）波特酒杯（Port Wine Glass），容量为56毫升，饮波特酒专用。

（9）雪利酒杯（Sherry Glass），容量为56～112毫升，饮雪利酒专用。

（10）酸杯（Sour Glass），容量为112毫升，饮酸类鸡尾酒专用。

（11）古典杯（Old-fashioned Glass），容量为224～280毫升，用于净饮威士忌、加冰饮用的酒和鸡尾酒。

（12）果汁杯（Juice Glass），容量为160毫升，用于饮果汁和长饮。

（13）海波杯（High Ball Glass），容量为22毫升，用于饮海波鸡尾酒等长饮。

（14）哥连士杯（Collins Glass），容量为300～355毫升，用于饮哥连士鸡尾酒及含汽水的长饮。

（15）啤酒杯（Beer Mug），容量为336～504毫升，用于饮啤酒和用啤酒调制的鸡尾酒。

（16）爱尔兰咖啡杯（Irish Coffee），容量为180～360毫升，用于饮爱尔兰咖啡和热饮。

二、调酒用具

（1）调酒壶（Shaker）：由壶盖、壶身、过滤网三个部分组成，是调酒师最常用的鸡尾酒摇匀或搅拌用具。根据容量大小可分为大号（530毫升）、中号（350毫升）、小号（250毫升），男、女调酒师可根据自己手的大小和习惯选用。

（2）调酒杯（Mixing Glass）：用于搅拌鸡尾酒。

（3）盎司杯（Jigger）：两端呈漏斗状，容量分别为1盎司（1盎司=28.9毫升）、1.5盎司或0.5盎司，是调酒师最常用的量酒器。

（4）量杯（Measurer Cup）：有刻度，用于量取酒水。

（5）吧匙（Bar Spoon）：又称长匙。一端为勺，容量为1/8盎司，用于量取少量用料和搅拌鸡尾酒；另一端是叉，能叉取水果。

（6）酒嘴（Pourer）：安于瓶口，有多种规格，调酒师要有熟练的技术，才能准确掌握酒量，多用于花式调酒。

（7）开瓶器（Corkscrew）：用于开启罐装食品、饮料。

（8）葡萄酒开瓶器（Bar tender's Friend）：用于开启葡萄酒。

（9）过滤器（Decanter）：用于过滤红葡萄酒。

（10）榨汁器（Squeezer）：用于榨取新鲜果汁。

（11）冰夹（Ice Tongs）：用于夹取冰块或水果。

（12）刨冰器（Ice Shaver）：用于制作刨花式碎冰。

除此之外，调酒用具还有水果刀、砧板、吸管、调酒棒、电动搅拌器、冰锥、冰铲、酒针、酒蓝、盐盅、胡椒盅、糖缸、奶罐、咖啡壶、牙签、杯垫、餐巾、托盘、水罐、去果核器、挖果球器、香槟塞等。

三、调酒设备

（1）制冰机（Ice-cube Maker）：用于制作冰块。

（2）碎冰机（Ice Crusher）：为特别的鸡尾酒制作碎冰。

（3）果汁机（Juice Machine）：用于冷冻和稀释果汁。

（4）榨汁机（Juice Squeezer）：用于榨取鲜果汁、蔬菜汁。

（5）电动搅拌机（Electric Blender）：用于搅拌鸡尾酒或食品。

（6）奶昔搅拌机（Blender Milk Shaker）：用于搅拌奶昔。

（7）生啤机（Beer Machine）：用于冰冻啤酒。

（8）咖啡机（Coffee Machine）：用于煮咖啡或预热咖啡。

（9）咖啡保温炉（Coffee Warmer）：用于将煮好的咖啡保温。

（10）洗杯机（Washing Machine）：用于清洗杯子。

四、调酒用料

1. 酒

（1）金酒（Gin），是鸡尾酒的"心脏"，多用作基酒。

（2）伏特加（Vodka），是鸡尾酒常用基酒，无色、无味的伏特加多用于调制鸡尾酒酒品，有色、有香的调味型伏特加多为纯饮。

（3）白兰地（Brandy），多用普通型作为基酒，高档白兰地多净饮。

（4）朗姆酒（Rum），多用淡朗姆酒作为基酒（Light Rum）、浓朗姆酒（Dark Rum）多纯饮。

（5）威士忌（Whisky），苏格兰、爱尔兰、美国、加拿大威士忌个性突出，鸡尾酒配方中均有特指。

（6）特吉拉酒（Tequila），是墨西哥的国酒，一般用墨西哥特吉拉作为基酒。

（7）利口酒（Liqueurs），是鸡尾酒最重要的调配料，为鸡尾酒增色添香，改善口感，利口酒也可作为基酒，是最重要的餐后帮助消化的甜食酒。

（8）葡萄酒（Wines），西式配餐常用酒，也可作为基酒，还可作为鸡尾酒的调、配料，虽然配方不多，但多为纯饮，温和爽口，女性更喜欢。

（9）啤酒（Beer），用啤酒制作的鸡尾酒营养丰富、爽口、消暑，在夏季更受欢迎。

（10）香槟酒（Champagne），多用作庆典，烘托喜庆气氛，也用作香槟鸡尾酒的基酒。

（11）开胃酒（Aperitif），多用作鸡尾酒的调、配料，丰富鸡尾酒的口味，用量少。

2. 果蔬汁

果蔬汁，营养丰富，色彩美观，用作鸡尾酒的调、配料，能降低酒度，调色，增香，添味，改善口感。

（1）柠檬汁（Lemon Juice）：浅黄、味酸。

（2）青柠汁（Lime Juice）：青黄、味极酸。

（3）西红柿（Tomato Juice）：红色、味酸。

（4）胡萝卜汁（Carrot Juice）：红色、味甜，多胡萝卜素。

（5）西瓜汁（Watermelon Juice）：红色、味甜。

（6）石榴汁（Grenadine Juice）：鲜红、酸甜。

（7）橙汁（Orange Juice）：橙黄色、酸甜。

（8）椰汁（Coconut Juice）：乳白色、味甜。

（9）菠萝汁（Pineapple Juice）：金黄色、味酸。

（10）葡萄汁（Grape Juice）：白或黄色、酸甜。

（11）草莓汁（Strawberry Juice）：紫红色、酸甜。

（12）苹果汁（Apple Juice）：青绿色、味甜。

（13）西柚汁（Grapefruit Juice）：浅黄色、微苦、酸涩。

（14）荔枝汁（Leeches Juice）：灰白色、甜味。

（15）芒果汁（Mango Juice）：金黄色、酸甜。

（16）黑加仑汁（Black Currant Juice）：紫黑色、酸甜。

3．碳酸饮料

碳酸饮料（Carbonated Beverage）能降低鸡尾酒的酒度、爽口清凉、口感清新、消暑解夏，是调制哥连士等鸡尾酒的主要调、配料，也可净饮。

（1）可乐（Cola）：含咖啡因，能消除疲劳。

（2）雪碧（Sprite）：柠檬味。

（3）七喜（Seven Up）：柠檬味。

（4）汤力水（Tonic Water）：苦中有甜，开胃解暑。

（5）姜汁汽水（Ginger Ale）：辛香味。

（6）苏打水（Soda Water）：略有咸味。

此外，酒吧还有白柠水（White Lemon）、新奇士橙汁（Sunkist Orange Juice）等。

4．矿泉水

矿泉水含丰富的微量元素，能促进人体健康，还能降低鸡尾酒的酒精度，有一定的保健功能。

（1）崂山矿泉水（Lao San Water）：产于青岛，是我国最有名的矿泉水。

（2）巴黎矿泉水（Perrier Water）：产于法国，有两千多年的历史，有"水中皇后"的美称。

此外，酒吧还有北京百灵矿泉水、农夫山泉矿泉水等。

5．调味料

（1）糖（Syrup）：有砂糖和糖浆，用于鸡尾酒增甜、添色和装饰。

（2）胡椒粉（Pepper）：有白胡椒粉和黑胡椒粉，用于鸡尾酒增香、调味。

（3）豆蔻粉（Grated Nutmeg）：味辛微苦，用于鸡尾酒增香、调味。

（4）辣酱酒（Flavour the Chinese alcoholic drinks with chilli sauce）：用于调味。

（5）盐（Salt）：用于装饰、调味。

调味料还有丁香（Clove）、桂皮（Cinnamon）等。

6．其他材料

（1）鸡蛋（egg）：有起泡的作用。

（2）鲜牛奶：用于调味，改善口感。

（3）忌康（Whipped Cream）：发泡奶油，多浮于鸡尾酒表面。

（4）咖啡（Coffee）：既可单独出售，也可调制鸡尾酒。

（5）茶（Tea）：既可单独出售，也可调制鸡尾酒。

7．装饰材料

（1）樱桃（Cherry）又称"车厘子"，有红、绿之分，有蒂和无蒂之别。

（2）柠檬（Lemon）。

（3）青柠檬（Lime）。

（4）薄荷（Mint）。

（5）菠萝（Pineapple）。

（6）橄榄（Olive）。

（7）橙子（Orange）。

（8）黄瓜（Cucumber）。

（9）洋葱（Pickled Onion）。

装饰材料还有发泡奶油、盐、糖、调酒棒、吸管、彩纸造型等。

第二节 调酒的基本技法

一、鸡尾酒调制的基本技法

鸡尾酒调制的基本技法又称英式调酒法。

1. 搅拌法（Stir）

搅拌法如图8-1所示，是用吧匙把置于调酒杯或调酒壶身内的酒水和冰块搅匀、冰镇的一种调酒方法。

操作：调酒杯中加冰块、基酒、调料；搅拌时左手握调酒杯或调酒壶，右手拿吧匙，顺时针搅动，左手感觉冰凉，调酒杯起雾，约10秒；然后倒入或者滤入酒杯中。例如，历史悠久的马天尼（Martini）就是用搅拌法调制的。

2. 摇荡法（Shaker）

摇荡法如图8-2所示，是用手把调酒壶内的酒水和冰块摇荡均匀、冰镇的一种调酒方法。

图8-1 搅拌法

图8-2 摇荡法

操作：调酒壶中加入冰块、基酒、调配料，盖上过滤网、壶盖，用手摇至均匀，手感冰凉，壶外起雾，约12秒，打开壶盖滤入酒杯或者打开过滤网，直接倾入酒杯中。

使用摇荡法应注意以下几点。

（1）在鸡尾酒配方中，含有蛋、奶油等较难混合的调、配料时，多用摇荡法。

（2）在鸡尾酒配方中，含有碳酸等气泡酒水的鸡尾酒，多用搅拌法。少数可用摇荡法，只是在摇荡的酒水中，先不加有气泡的酒水，入杯后再加入。例如，金菲士（Gin Fizz）就是用摇荡法调制的。

（3）在关、摇酒壶盖时，调酒壶过滤网和壶盖最好依次进行，如果一次盖好，在壶内会产生较高的气压，摇荡时易把壶盖顶起。

（4）开盖时，壶盖最好采用拔的方法。切莫拧盖，否则会越拧越紧。

（5）摇荡可分为单手摇、双手摇。

单手摇：一般用右手，食指压着壶盖，大拇指压住过滤网，其余三指托着壶身，在身体右侧利用手腕摇荡，并在手臂作用下，上、下呈纺锤状移动。

双手摇：一般用左手拇指压住过滤网，其余四指托住壶身；右手大拇指压住壶盖，其余四指与左手抱住壶身和过滤网，摇荡时可按斜上—胸前—斜下—胸前进行摇动。

（6）摇动时表情自然轻松，动作优雅，体现绅士风度和淑女风范。

3. 直接注入法（Build）

如图8-3和图8-4所示为直接注入法，是把酒水直接注入酒杯的一种调酒法。例如，考佰乐（Cobber）鸡尾酒就是用此法调制的。

图8-3 直接注入法（1）

图8-4 直接注入法（2）

调制彩虹酒时，一般应借助吧匙，依酒水比重，从重到轻，依次沿杯壁缓缓倒入杯中；夏天，比重相差较小的酒水，在使用前不能有较强的震动；对不太熟悉的酒水，使用前最好做试验，以免在客人面前出现失误。

4. 电动搅拌法（Electric Blender）

电动搅拌法如图8-5所示，是用电动搅拌器把酒水和冰块搅匀、冰镇的一种调酒方法，多用于酒会。

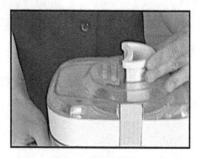
图8-5 电动搅拌法

二、鸡尾酒常见的装饰

1. 直接入杯

直接入杯的装饰品有以下几种。

（1）橄榄：如干马尼（Dry Martini）。

（2）薄荷叶：如绿魔（Green Devil）。

（3）柠檬扭条，柠檬片：如教父（God Father）。

（4）黄瓜皮：如新加坡（Singapore）。

（5）糖浆：如日出（Sun Rise）。

说明：一般入杯装饰品有一定的调味功能。

2. 挂杯

挂杯的装饰品有以下几种。

（1）橙片、半橙片：如夏日波本（Summer Bourbon）。

（2）菠萝角、菠萝条：如粉红猫（Pink Pussy Cat）。

（3）柠檬片：如双峰（Twin Hills）。

（4）红樱桃、绿樱桃：如红粉佳人（Pink Lady）。

（5）草莓：如开业（Opening）。

（6）香蕉片：如冰冻苹果香蕉酒（Frozen Apple and Banana）。

3. 组合式

组合式的装饰品有以下几种。

（1）橙片加薄荷叶：如左比（Zombie）。

（2）橙片加樱桃：如天使的玫瑰（Angels Rose）。

（3）橙片加菠萝条：如香槟考伯乐（Chan Cobble）。

（4）樱桃加螺旋柠檬皮：如蓝鸟（Blue Bird）。

（5）樱桃加芒果片：如阳光男孩（Sun Boy）。

（6）苹果角加丁香、红樱桃：如安娜（Anna）。

（7）橙片、樱桃、柠檬、新黄瓜片加摩坡薄荷叶：如飘仙1号。

此外，还有水果与实物的组合，如樱桃串、吸管、垫杯和杯外装饰相组合。

4. 挂霜

挂霜即在酒杯口抹柠檬汁后，沾上糖或盐的一种鸡尾酒装饰方法。挂霜分为以下两种。

（1）糖霜：如得奇利（Daiquiri）。

（2）盐霜：如玛格丽特（Margarita）。

三、鸡尾酒调制的一般程序

（1）客人点酒。

（2）根据客人点酒选择酒杯、调酒壶或调酒杯。

（3）从酒柜中取出所用酒水，置于吧台。

（4）调酒壶中加入冰块。

（5）用盎司杯量取酒水。

（6）调制。

（7）斟酒入杯，装饰。

（8）为客送酒。

四、鸡尾酒调制的基本原则

（1）吧台、酒柜干净、卫生。

（2）调酒师着装规范、整洁、精神饱满。

（3）调酒前，将酒杯洗净、擦亮、冰镇，取杯时手拿下部。

（4）柠檬、橘等挤汁前最好用热水浸泡，以便多挤汁，提高效益。

（5）冰块、果汁新鲜。

（6）侧身拿酒水，严禁背对客人，用完酒水及时归位，使用合格酒水，杜绝使用假酒。

（7）量具、吧匙浸泡水中，经常换水。

（8）用具使用一次，清洗一次，酒杯还应消毒一次。

（9）量取酒水使用量具，准确规范。

（10）调制鸡尾酒动作规范，姿态优雅，速度快捷。

（11）装饰与酒谱一致，操作卫生，手不直接拿装饰物，预计生意较好时，应提前准备。

（12）调好的鸡尾酒及时送客，保证鸡尾酒的风味。

五、鸡尾酒调制的评价标准

（1）卫生：用品、用具、操作环节卫生。

（2）时间：1分钟内完成。

（3）操作：取酒、量酒、调制、倒酒动作规范，装饰物合理。

（4）姿态：优雅。

（5）程序：标准。

（6）方法：正确选择载杯和调制方法。

（7）斟酒：八分满，无酒水滴洒台面，调酒壶（杯）内无余酒。

六、经典款鸡尾酒的调制

1. 天使之吻（Angel's Kiss）（见图8-6）

配方：10毫升咖啡利口酒（Kahlua）；

　　　10毫升淡奶。

载杯：利口杯。

制法：（1）载杯中加入咖啡利口酒；

　　　（2）将淡奶用吧匙缓缓引入；

　　　（3）用红樱桃、鸡尾酒签装饰即可。

特点：色彩分明，口味香甜。

图8-6　天使之吻

2. 特吉拉日出（Tequlia Sunrise）（见图8-7）

配方：45毫升 特吉拉酒；

　　　15毫升红石榴糖浆；

　　　橙汁。

载杯：海波杯。

制法：（1）将冰块放入杯中6分满，倒入特吉拉；

　　　（2）注入橙汁至八分满；

　　　（3）搅棒插入杯中，沿搅棒引入红石榴糖浆；

　　　（4）橙片、红樱桃挂杯装饰。

特点：果香味十足，饮后使人回味无穷。

图8-7　特吉拉日出

3．玛格丽特（Margarita）（见图8-8）

配方：30毫升特吉拉酒；

15毫升橙皮利口酒；

15毫升柠檬汁；

少许细盐。

载杯：鸡尾酒杯。

制法：先用鲜柠檬皮将载杯口环擦一遍，然后将杯口放在细盐上转动，沾上一层盐霜；将碎冰块放入调酒壶中，注入酒和汁，用力摇匀后滤入载杯内即成。

图8-8　玛格丽特

4．血玛丽（Bloody Mary）（见图8-9）

配方：60毫升伏特加；

120毫升番茄汁；

7.5毫升急汁；

2滴辣酱油；

少许细盐；

少许胡椒粉；

一片柠檬；

一根芹菜梗。

载杯：240毫升小型直身杯。

制法：将碎冰块放入载杯，注入上述材料后搅匀，加柠檬片和芹菜梗点缀。

特点：该酒甜、酸、苦、辣四味俱全，富有刺激性，特别适合夏天饮用，可消暑，增进食欲。

图8-9　血玛丽

5. 金酒菲士（Gin Fizz）（见图8-10）

配方：30毫升金酒；

　　　15毫升鲜柠檬汁；

　　　2茶匙糖粉；

　　　1听苏打水。

载杯：300毫升飞士杯。

制法：将冰块放入调酒壶内，注入酒、柠檬汁，加入糖粉后用力摇匀；在载杯中放入两块冰，将酒液滤入杯内，加满苏打水，附吸管一支。

特点：酒香味甜，入口润滑，适宜早晨或夏日饮用。

图8-10　金酒菲士

6. 新加坡司令（Singapore Sling）（见图8-11）

配方：45毫升金酒；

　　　30毫升柠檬汁；

　　　15毫升石榴糖浆；

　　　2茶匙樱桃白兰地；

　　　1听苏打水；

　　　1片鲜柠檬；

1枚红樱桃。

载杯：水杯。

制法：将冰块放入载杯内，注入金酒、柠檬汁、石榴糖浆，搅匀，加苏打水至八分满，上面漂浮樱桃白兰地，用柠檬片和红樱桃作为装饰，附上吸管一支。

特点：酒味甜润可口，酒色艳丽，是女士们日常喜爱之饮品，适宜暑热季节饮用。

图8-11　新加坡司令

7. 曼哈顿（Manhattan）（见图8-12）

配方：40毫升波本威士忌；

　　　20毫升甜味美思；

　　　2滴橙必打士；

　　　1片柠檬皮。

载杯：鸡尾酒杯。

制法：将碎冰块放入调酒杯内，注入酒，滴入橙必打士，搅匀后滤入载杯，用柠檬皮涂擦杯边，然后置在酒面作为装饰。

特点：酒味香甜，有开胃和助消化作用，适合餐前、餐后饮用，寒冷季节饮用更佳，是目前风行的威士忌鸡尾酒。

图8-12　曼哈顿

8. 彩虹酒（Rainbow "5 Colours"）（见图8-13）

配方：5.6毫升红色石榴糖浆；

　　　5.6毫升绿色薄荷酒；

　　　5.6毫升黑色樱桃白兰地；

　　　5.6毫升无色君度利口酒；

　　　5.6毫升棕色白兰地。

载杯：利口酒杯。

制法：先将红色石榴糖浆注入载杯，然后把匙背放在红色石榴糖浆料之上，取绿色薄荷酒料沿匙背缓缓注下，使绿色薄荷酒料慢慢滤入红色石榴糖浆料之表层，依次将黑色樱桃白兰地、君度利口酒、棕色白兰地各料注入载杯内，便可得到五色彩虹酒。

特点：层次分明，瑰丽可人。

图8-13　彩虹酒

9. 自由古巴（Cuba Libre）（见图8-14）

配方：60毫升百加地朗姆酒；

　　　7.5毫升青柠汁；

　　　1听可乐汽水；

　　　2片鲜柠檬。

载杯：水杯。

制法：将碎冰块放入载杯内，注入酒和果汁，搅匀，加可乐汽水至八分满，以鲜柠檬片点缀，插入吸管供用。

图8-14 自由古巴

10. **红粉佳人（Pink Lady）**（见图8-15）

配方：30 毫升金酒；

1 茶匙君度；

2 茶匙石榴糖浆；

1/2 个鸡蛋清；

15 毫升鲜柠檬汁；

1 枚红樱桃。

载杯：鸡尾酒杯。

制法：将冰块放入调酒壶内，注入酒、石榴糖浆、鸡蛋清和柠檬汁，用力摇匀后滤入载杯，红樱桃挂在杯边作为装饰。

特点：酒味芳香，入口润滑，酒色艳丽，是女士们喜爱的饮品之一，四季都适宜饮用。

图8-15 红粉佳人

【小知识】

调酒术语

（1）摇动，或称"摇和法"：就是用摇酒壶进行鸡尾酒的调配和制作方法。

（2）搅动，或称"调和法"：就是用调酒杯进行鸡尾酒的制作。

（3）直接倒入，或称"兑和法"：就是在相应的酒杯中直接调制鸡尾酒的方法。

（4）搅拌，或称"搅和法"：就是用电动搅拌机制作需要的酒。

（5）拧绞：把宽约为1厘米、长约为5厘米的柠檬皮拧绞，使其呈螺旋状，装饰于鸡尾酒中。

（6）柠檬油调香：把柠檬皮中的香味油挤入鸡尾酒中，皮可以放入酒中装饰。

（7）螺旋状果皮：将削成螺旋状的整个果皮垂于杯中。

（8）杯口加霜：用柠檬皮把玻璃杯口沾湿，然后将杯口浸入精制细白糖或细盐中（依配方而定）。

（9）糖浆：将糖溶解在100毫升的开水中而获得一种透明、无色的糖浆。

第三节　花式调酒表演技法

花式调酒是调酒师为营造酒吧气氛，在背景音乐下，利用酒瓶、调酒壶等用具，把传统调制鸡尾酒技法与杂技、舞蹈、生产、生活实践结合起来，增添调制鸡尾酒观赏性的调酒艺术。花式调酒起源于美国，在中国有近十年的历史。花式调酒深受欢迎，拓展了调酒师展示才华的空间，促进了酒吧的繁荣，推动了鸡尾酒文化的发展。

一、基本技法

根据花式调酒表演手法，酒瓶和调酒壶等运动轨迹可分为以下几种。

1. 抛（见图8-16）

抛根据抛的出手方法、瓶与人的相对位置不同可分为上抛、侧抛、背抛、后勾抛、胯下抛。抛是花式表演的基础。

图8-16　抛

1）上抛

右手指捏住瓶颈上端，从外向内，向上方抛瓶，酒瓶翻转，右手接瓶。也可左手抛，左手接酒瓶。接瓶是花式表演最基本的技法之一，也是难点。

2）侧抛

右手四指合拢，与大拇指分开，握瓶颈中部，由右向左，向上方抛，左手接住滚动落下的瓶颈。与抛相似，也可左手抛瓶，右手接瓶。其难点是接瓶。

3）背抛

右手捏住瓶颈，绕背，向左侧上方斜抛，左手接瓶。也可左手抛瓶，右手接瓶。其难点是向上斜抛力度恰到好处。

4）后勾抛

右手捏瓶颈上部，顺右腋下，由后向前勾抛，酒瓶绕过右肩，右手快速接瓶。其特点是身体相对不动，上、下臂摆动不宜过大。也可左手抛瓶，左手接瓶。

5）胯下抛

右手捏住瓶颈，抬起右小腿，酒瓶向右向左，在胯下抛起，左手接瓶。也可左手抛瓶，右手接瓶。多用于花式表演，即兴调酒用得少。

2. 接（见图8-17）

接按酒瓶和调酒壶出手后回手接法和所接用具不同可分为直接、直立、倒立、抛瓶入壶、抛壶盖瓶。接与其他技法结合，完成一个完整的表演动作，因此把抛、转的不同和接的变化组合起来，可形成多种表演动作，这大大丰富了花式表演的内容，若在训练过程中认识到这一变化组合，能大大提高花式调酒表演的灵活性和艺术性。

图8-17 接

1）直接

当酒瓶返回时，用手握住瓶颈或瓶身，这是最简单、最常用的接酒瓶的方法。

2）直立

酒瓶入手时，瓶底朝下，立于手背、手指或手臂的接酒瓶的方法。

直立接瓶，使用巧力，稍作缓冲，防止碰伤手臂等。花式调酒表演常用直立接瓶调节表演的节奏。

3）倒立

酒瓶入手时，瓶口朝下，立于手背、手指或手臂的接酒瓶的方法。与直立相似，接瓶要巧力缓冲，防止伤手等，但在表演时，倒立难度大，多快速转换到其他技法，如果技法娴熟，倒立也可调节花式调酒表演的节奏。

4）抛瓶入壶

一只手握酒瓶，另一只手握调酒壶身，用调酒壶身接住抛出的酒瓶。

5）抛壶盖瓶

一手抛出调酒壶身，另一只手握瓶接壶的方法。

3. 转（见图8-18）

转按酒瓶旋转动力的来源不同、转旋的酒瓶与调酒师相对空间的差异可分为单手旋转、双手旋转、轮转、双手轮转、击旋、画圆、滚动。此项技法能增强花式调酒表演的节奏感。一般用加利安奴（一种利口酒）酒瓶为练习器具。

图8-18　转

1）单手旋转

左手四手并拢，与大拇指分开，握加利安奴酒瓶中部，四指借手腕之力，使酒瓶子沿略略弯曲的食指，在水平面上顺时针旋转。

2）双手旋转

双手旋转又称无敌风火轮。双手四指并拢，与大拇指分开，水平合掌，夹住倒立的加利安奴酒瓶，四指借手腕之力上翻，使酒瓶贴着右手中指中部旋转，左手四指护瓶，以免脱瓶，快速转动，如哪吒脚踏的风火轮。

3）轮转

右手握瓶颈，四指合拢，与大拇指分开，利用手指和手腕转动的力，将酒瓶紧贴手指翻转两圈后，右手握住酒瓶下部，然后依此不停翻转。回转时，右手握瓶颈，以右手虎口为支点向身体内侧转动一圈后，右手握瓶身。正反来回轮转，连续不断，速度越快，节奏感越强，能给宾客带来车轮滚滚的视觉冲击。如果是左撇子，则用左手轮转。

4）双手轮转

右（左）手握住瓶颈，侧抛180º，左（右）手轻按瓶身底部，使瓶子翻转一圈，左（右）手握住瓶颈。

5）击旋

左（右）手握住瓶身中部，右（左）手击打瓶身下部，酒瓶翻转一圈，右（左）手握住瓶颈中部。

6）画圆

双手持瓶，左（右）手保持在胸前握住瓶身中部，右（左）手捏住瓶颈上端，以左（右）手为圆心，右（左）手挥瓶画圆，每画一圈，左（右）手必须松开瓶子，等右（左）手过后迅速接住腾空酒瓶，同时调酒师双脚弓步向右（左）侧移动两步，画圆讲究左、右手配合和手、脚协调，体现了花式调酒表演的力度美。

7）滚动

右（左）手四指合拢，与大拇指分开，握住瓶中部，抬高手臂，手指提拉、卷动，使酒瓶沿右（左）手背、右（左）手臂、右（左）肩等在背后滚动，左（右）手背后接瓶。滚动讲究一气呵成，自然流畅，在花式调酒表演中能给宾客特别的视觉体验。

4. 多瓶

1）两瓶的基本技法

（1）左右两手各抓一瓶瓶颈，同时上抛两圈顺势接瓶颈。

（2）右手抓瓶上抛两圈，左手接住右手抛出的瓶颈。同时左手抓瓶，上抛两圈，右手接住左手抛出的瓶颈。

（3）右手抓两瓶，先上抛外面的酒瓶旋转两圈，再抛里面的酒瓶旋转两圈，并接住第一个酒瓶继续抛瓶，然后接住第二个酒瓶抛瓶，以此循环进行练习。注意：两个旋转酒瓶应在两个平行的平面内，以免酒瓶相撞。

（4）两瓶收瓶的方法：右手接住先抛的瓶，然后以右手的食指与中指夹住后面落下酒瓶的瓶颈，也可以用右手大拇指与食指中指捏住后面落下酒瓶的瓶颈。

2）三瓶的基本技法

（1）右手抓两瓶，左手抓一瓶。右手外面酒瓶上抛，旋转两圈，再迅速上抛出左手的酒瓶，此时左手顺势接住右手抛出的酒瓶，然后右手抛出第二个酒瓶，以此循环进行练习。

（2）右手进行两瓶上抛练习，左手同时进行一瓶上抛练习；也可左手进行两瓶上抛练习，右手同时进行一瓶上抛练习。

（3）左手进行两瓶上抛练习，右手同时进行后勾抛练习。

3）四瓶的基本技法

（1）左、右手各抓两瓶，左、右手同时进行两瓶上抛练习。

（2）左、右手各抓两瓶，左、右手分别依次进行两瓶上抛练习。

总而言之，花式调酒抛瓶的方法多种多样，在练习时，只有举一反三，才能体现花式调酒千变万化的独特艺术魅力。

二、花式调酒表演技巧

花式调酒表演按人数可分为单人、双人和多人表演；按每人表演使用酒瓶数可分为单瓶、双瓶和多瓶表演。

为了提高调酒的观赏性和活跃酒吧气氛，花式调酒表演应做到以下几点。

1. 基本技法娴熟

娴熟的基本技法是做好花式调酒表演的基础。基本技法生疏会影响花式调酒表演的自然流畅、节奏变化。

花式调酒技术含量高，基本技法多样，只有刻苦训练才能练好基本功。基本技法训练：先易后难，先练抛，再练接，后练转，同时注意抛、转与接配合训练。

2．技法转换、自然流畅

技法转换是技法变化的基础，技法转换、自然流畅是技法优美的前提，花式调酒表演过多的停顿、摔瓶会使艺术效果大打折扣。做好花式调酒表演的编排能提高技法转换的流畅性。

（1）在表演动作编排时，注意前面基本技法接瓶方法和后面技法抛瓶手法一致，才能减少停滞，保证动作流畅优美。

（2）注意通过直立、倒立控制表演节奏。

3．技法变化多样，优美

技法变化能增加花式调酒表演的层次感，缺少变化的花式调酒表演会显得平淡无奇。技法变化多通过抛、接、转的变化及瓶数、表演人数的增加来实现。

4．节奏变化，跌宕起伏

节奏变化能增加花式调酒表演艺术的感染力和表演效果。节奏过快的表演，调酒师吃不消；节奏太慢的表演，客人会昏昏欲睡。调酒师通常应灵活运用直立、倒立，调整表演节奏。

5．背景音乐，烘托气氛

有人说音乐是酒吧的灵魂。与花式调酒表演相适应的现代音乐，会激发调酒师的表演灵感，调动宾客情绪，烘托调酒和酒吧的气氛。现代酒吧背景音乐多根据调酒师风格、表演特点而进行后期的剪辑制作。

6．注重交流、互动

和谐的人际关系，会增添调酒师在花式调酒表演的信心。调酒师与宾客的互动，能活跃酒吧气氛，使调酒师体验到成功的幸福，宾客也心情愉快。酒吧互动多用酒吧小魔术来实现。

7．个人表演灵活多变，双人表演和多人表演协调一致

个人表演常以技法多变、多瓶技艺取胜，否则显得单调；双人表演和多人表演要协调一致，不然就显得杂乱无章。

8．具有民族特色，体现花式调酒表演创新的灵魂

花式调酒把美国的自由精神传遍世界各酒吧，并与世界各民族文化相融合，在韩国就有"韩式"花式调酒。中华民族是一个有包容精神、善于学习的民族，有世界一流的杂技、民族舞蹈、音乐，有丰富多彩的生活、生产实践，相信在不久的将来会创造出"中式"花式调酒，年轻人会创造出属于自己的花式调酒表演艺术。

三、即兴调酒

如今花式调酒，既可用于酒吧、酒会调酒表演，也可参与各种庆典表演。在酒吧、酒会，一边进行花式调酒表演，一边调酒，称为即兴调酒。即兴调酒以鸡尾酒调制为主，花式调酒表演为辅。即兴调酒要注意以下几点。

1. 突出调酒主题，避免喧哗

鸡尾酒是酒吧最主要的商品，花式调酒表演要能烘托酒吧气氛，增加宾客美的体验，促进鸡尾酒销售，否则就会喧宾夺主。

2. 简短快捷，观赏和效率兼顾

快捷是宾客对鸡尾酒服务的基本要求。一杯鸡尾酒，一般调制1分钟，如果花式调酒表演用时过多，会引起客人不快，也会影响酒吧销售。

3. 酒嘴使用，熟练准确

酒嘴可以控制倒出的酒液和速度，熟练掌握酒嘴的使用才能调出优质的酒品。

4. 注重创新，展示个性

创新可以再次吸引宾客，促进鸡尾酒的销售，进一步提高酒品质量。

第四节　鸡尾酒的创作

鸡尾酒的创作要注意以下几点。

1. 创意

新颖的创意是鸡尾酒创作的灵魂，任何著名的鸡尾酒都有鲜明的特点。新颖的创意来自于调酒师的灵感，灵感则源于调酒师生活、学习的经历和调酒实践。

创新思维、逆向思考，往往会产生新颖的创意，如著名鸡尾酒玛格丽特，是1949年美国洛杉矶调酒师简·雷德沙为死于狩猎的情人玛格丽特创作的。盐霜的使用既突出了特吉拉酒的烈性，又表现了简·雷德沙对情人无限的思念，也有失去爱人眼泪咸咸的苦涩，还通过香橙表现了这种苦涩浓浓的香味，表现了一种积极向上的生活态度，玛格丽特鸡尾酒一经产生就得到了鸡尾酒爱好者的广泛认可。

2. 口味和色彩

口味和色彩是鸡尾酒的主体。鸡尾酒艺术是味觉艺术和视觉艺术的完美结合。

（1）鸡尾酒的口味有酸、甜、苦、辣、咸、香之别，鸡尾酒的口感有爽、圆、浓、润之异。我国幅员广阔，人口众多，北方人喜干爽，南方人爱绵甜，因此调酒师既要了解不同地区人的爱好，又要了解不同材料调制的味觉效果。例如，要了解乳、蛋的绵柔，碳酸的清凉，柠檬汁的圆润、滋美，还应了解中国人与西方人就餐时饮酒习惯的区别，这样才能创造出令宾客满意的鸡尾酒。

（2）鸡尾酒颜色丰富多彩，调酒师应了解色彩搭配的基本原理，如黄与蓝混合成绿色；红与蓝混合成紫色；红与黄混合成橘色；绿与蓝混合成青绿色。还要明白色彩的喻意，如紫色给人高贵的感觉；粉红色传达浪漫与健康的情调；黄色是辉煌与神圣的象征；绿色体现活力；蓝色使人联想到伤感；白色象征纯洁，了解这些才能选择合适的色彩突出主题。

3. 装饰和命名

（1）装饰可丰富鸡尾酒的美感，对鸡尾酒有画龙点睛之功效。例如，"日出"鸡尾酒搅匀后，用吧匙加入红糖水，如初升太阳的光芒。

（2）好的名字，有利于鸡尾酒的流传。命名方法多种多样，例如，"自由古巴"以国家命名；"黄河"以景命名；"玛格丽特"以人命名；"彩虹酒"以颜色命名。

4. 简洁

鸡尾酒原料大众化、调制方法简洁，才便于推广普及。例如，世界著名鸡尾酒"自由古巴"，就是用美洲常饮的朗姆酒加冰与可乐调制而成，已成为欧美等国日常的饮品。

5. 营销

一款成功的鸡尾酒必须要被广大宾客所接受，在当今信息化社会，营销推广对鸡尾酒成功起着重要的作用。例如，把调酒师的创意制成酒吧特饮，请四海宾客品评；或改进、完善配方，把特饮推广成为大众欢迎的鸡尾酒。

【小知识】

品 酒

品酒主要通过眼、鼻、舌等感觉器官观色、闻香、尝味来鉴别酒的风格，品酒时应保持身体健康状态，不饮茶，不饮酒，不吸烟，不吃葱、姜、蒜、辣椒等。品尝时先闻香，再浅尝一点，舌尖品味；然后让酒均匀分布口腔，细细品尝，最后下咽，入肚回味。一次品尝两种以上酒时应漱口，先长饮后短饮，先低度酒后高度酒，先白酒后红酒，先普通酒后高档酒。

酒吧常见的混合饮料有以下几种。

1. 伏特加类

原料：伏特加1盎司（1盎司=28.9毫升），雪碧（橙汁、可乐、汤加水）适量。

调制方法：在有冰的哥连士杯中加入酒，再加入四种饮料中的任一种，八分满，搅匀、冰镇，用柠檬片装饰。如果加橙汁，要用古典杯。

2. 金酒类

原料：金酒1盎司，雪碧（橙汁、可乐、汤加水）适量。

调制方法：在有冰的哥连士杯中加入酒水，八分满，搅匀、冰镇，用柠檬片装饰，如选汤力水，杯中应投一片柠檬；如加橙汁，要用古典杯。

3. 威士忌类

原料：威士忌1盎司，苏打水（矿泉水）适量。

调制方法：在有冰的哥连士杯中加酒水至八分满，搅匀、冰镇。

4. 白兰地加可乐

原料：白兰地1盎司，可乐适量。

调制方法：在有冰的哥连士杯中加入酒水，搅匀、冰镇。

5. 朗姆酒加可乐

原料：朗姆酒1盎司，可乐适量。

调制方法：在有冰的哥连士杯中加入酒水，搅匀、冰镇。

6. 金巴利类

原料：金巴利1盎司，橙汁（苏打水）适量。

调制方法：在有冰的哥连士杯中加入酒水，搅匀、冰镇。

7. 绿薄荷酒加雪碧

原料：绿薄荷酒1盎司，雪碧适量。

调制方法：在有冰的哥连士杯中加入酒水，搅匀、冰镇。

8. 青柠汁加苏打水（矿泉水）

原料：青柠汁1盎司，苏打水（矿泉水）适量。

调制方法：在有冰的哥连士杯中加入柠檬青柠汁、苏打水（矿泉水），搅匀、冰镇。

9. 石榴汁加雪碧

原汁：石榴汁1盎司，雪碧适量。

调制方法：在有冰的果汁杯中加入饮料，搅匀、冰镇。

10. 菠萝汁加橙汁

原料：菠萝汁1盎司，橙汁适量。

调制方法：在有冰的果汁杯中加入饮料，搅拌、冰镇。

11. 橙汁混合饮料

原料：橙汁3.5盎司，白糖浆0.5盎司，苏打水适量。

调制方法：在有冰的哥连士杯中加入饮料，冲苏打水至八分满，搅匀、冰镇，用柠檬片和红樱桃组合挂杯。

12. 柠檬汁混合饮料

原料：柠檬汁2盎司，白糖浆1盎司，苏打水适量。

调制方法：在有冰的哥连士杯中加入饮料，加入苏打水至八分满，搅匀、冰镇，用柠檬角和红樱桃组合挂杯。

【小知识】

鸡尾酒创新应遵循的原则

首先，在鸡尾酒的创新中，应遵循酒名及配方内容新颖别致，操作简单，配方易于记忆、易于推广、创意独特，配方书写完整且中英文对照这五项基本原则。在此基础上，根据调酒器具的制作、使用原理及步骤来确定调制方法。在酒水的选择及装饰物的制作上要按照相应的原理来确定。在酒杯的使用上，不仅要使酒水与载杯、装饰物与载杯浑然一体、交相辉映，而且要在符合上述五项基本原则的基础上，发挥创造力，选择独特的、具有创新意义的酒杯，最大限度地体现创新鸡尾酒的特点与魅力。需要特别强调的是，创新一款鸡尾酒时，所调制的酒品应尽量避免出现"浑浊不清"、"味道怪异"、"该冷不冷"、"该热不热"、"主客不分"、"喧宾夺主"等情况，它们是导致创新失败的重要因素。

 复习思考题

一、技能训练

1. 让学生用英式调酒的四种基本技法练习调制50款鸡尾酒。

2. 让学生练习花式调酒基本技法（200学时）。

3. 通过以上练习，让学生尝试创作10款鸡尾酒。

二、判断题

1. 伏特加特有的佐酒食品是鱼子酱。　　　　　　　　　　　（　　）

2. 樱桃又称"车厘子"。　　　　　　　　　　　　　　　　（　　）

3. 美国酒度60Proof等于我国酒的25度。　　　　　　　　　（　　）

4. 白兰地是Side-car鸡尾酒的基酒。　　　　　　　　　　　（　　）

5. 1906年，鸡尾酒一词第一次在美国杂志上出现。　　　　（　　）

6. 1933年，美国罗斯福总统废除"禁酒令"。　　　　　　　（　　）

7. 品尝两种以上鸡尾酒时，先短饮后长饮。　　　　　　　（　　）

8. 血玛丽鸡尾酒诞生于美国"禁酒令"时期。　　　　　　　（　　）

9. 软饮是不含酒精的饮料。　　　　　　　　　　　　　　（　　）

10. 利口酒是鸡尾酒最重要的调色原料之一。　　　　　　　（　　）

11. 白兰地多用作餐后酒饮。　　　　　　　　　　　　　　（　　）

12. 威士忌净饮1份是30毫升。　　　　　　　　　　　　　（　　）

13. 朗姆酒一般配盐和柠檬水来饮用。　　　　　　　　　　（　　）

14. 皇家科尔是美国人常饮的开胃鸡尾酒。　　　　　　　　（　　）

15. 早晨饮提神酒一般加蛋白。　　　　　　　　　　　　　（　　）

16. 短饮一般在半小时内饮完。　　　　　　　　　　　　　（　　）

17. 库勒鸡尾酒选鸡尾酒杯盛装更好看。　　　　　　　　　（　　）

18. 考伯乐鸡尾酒是源于美国碳酸饮料的长饮。　　　　　　（　　）

19. 宾治鸡尾酒是专供大、中型酒会饮用的。 （ ）
20. 菲士鸡尾酒是西式午餐前后常用饮品。 （ ）
21. 四维索是西印度群岛上一种小树枝。 （ ）
22. 调制彩虹酒是利用酒水比重不同的原理。 （ ）
23. 加牛奶的鸡尾酒口感浓厚。 （ ）
24. 调酒师是在酒吧或餐厅调制和销售酒水的人员。 （ ）
25. 调酒师严禁用酒水送人情。 （ ）
26. 含气泡的鸡尾酒，一般不用摇荡法调制。 （ ）
27. 调酒壶盖与过滤网一起盖紧，能节约调酒时间。 （ ）
28. 调酒师取杯拿中部更稳。 （ ）
29. 吧台内调酒师转身拿酒，又快又爽。 （ ）
30. 花式调酒起源于英国。 （ ）
31. 掌握好上抛力度是花式调酒抛瓶的关键。 （ ）
32. 后勾抛瓶，身体相对不动，余光看着瓶，保证接瓶准确、及时。 （ ）
33. 直立接瓶时便用巧力，稍作缓冲，可防伤手。 （ ）
34. 倒立接瓶，快速转换技法，花式表演，流畅优美。 （ ）
35. 音乐能激发调酒师的表演灵感。 （ ）
36. 酒吧小魔术是宾客互动的常用技法。 （ ）
37. 民族特色是花式调酒创新的灵魂。 （ ）
38. 即兴调酒以花式表演为主，鸡尾酒调制为辅。 （ ）
39. 简洁是鸡尾酒流行的重要因素。 （ ）
40. 好听的酒名有利于鸡尾酒的流传。 （ ）

三、选择题

1. Margarita鸡尾酒的基酒是（ ）酒。
   A. 白兰地 　　 B. 特吉拉 　　　 C. 朗姆 　　　 D. 伏特加
2. Mai Tai 鸡尾酒的基酒是（ ）。
   A. 威士忌 　　 B. 金酒 　　　 C. 伏特加 　　　 D. 朗姆酒
3. Angels Kiss鸡尾酒调制方法是（ ）。
   A. 摇荡 　　 B. 搅拌 　　　 C. 直接注入 　　 D. 电动搅拌
4. Dry Martini 鸡尾酒的装饰材料是（ ）。
   A. 橄榄 　　 B. 红樱桃 　　　 C. 橙片 　　　 D. 小伞
5. Pink Lady 鸡尾酒的基酒是（ ）。
   A. 金酒 　　 B. 兰姆酒 　　　 C. 特吉拉酒 　　 D. 伏特加
6. Sweet Manhattan鸡尾酒的基酒是（ ）。
   A. 波本 　　 B. 加拿大 　　　 C. 爱尔兰 　　　 D. 苏格兰
7. Rum Collins 鸡尾酒选用（ ）杯盛杯。
   A. 鸡尾酒 　　 B. 红葡萄酒 　　　 C. 哥连士 　　 D. 利口酒

8. White Lady鸡尾酒调制方法为（　　　）。

   A．摇荡　　　　B．搅拌　　　　C．直接注入　　D．电动搅拌

9. Champagne鸡尾酒调制方法是（　　　）。

   A．摇荡　　　　B．搅拌　　　　C．直接注入　　D．电动搅拌

10.（　　　）是不加苏打水的鸡尾酒。

   A．Collins　　B．Cooler　　　C．Highball　　D．Cup

第九章　酒吧服务与经营

教学目标

1. 了解酒吧的分类。
2. 掌握酒吧服务的内容。
3. 熟悉酒吧经营者应具备的基本素质。

第一节　酒吧分类

随着世界旅游业及餐饮业的迅速发展，酒吧已慢慢从餐厅中分离出来，成为专门销售酒水、配制酒水、供客人休闲及交友聚会的场所。它不仅在街头巷尾出现，还跻身于饭店业，占据重要的甚至是不可取代的位置。作为一名调酒师，酒吧是主要的工作场所，因此，应了解关于酒吧的来历、分类等相关知识。

一、酒吧来历

"酒吧"一词来自英文，拼写为"Bar"，中文译成酒吧（见图9-1）。据有关史料记载，酒吧最早起源于19世纪的欧洲，到了20世纪开始在美国盛行。

中国最早出现的酒吧是以经营茶水为主，没有"酒吧"两个字，而是以一个"拴马的木梁"作为标志，过往的路人看此标志便会明白，后来

图9-1　酒吧

慢慢有了一些简单的米酒供应，渐渐改叫"酒馆"，但以经营菜肴为主。

二、国内酒吧状况

在我国，近几年酒吧已被许多民众认识和接受。酒吧已不再神秘和高不可攀，很多人不仅能接受各种鸡尾酒的口味，甚至能够自己制作几款鸡尾酒。酒吧的设备也正朝着功能齐全、样式多变的方向快速发展。

现代酒吧的设备更加先进、功能更加齐全、装修更加个性化、服务人员更加专业化；许多客人不仅了解调酒行业，而且对各种烈酒和软饮料的制作、饮用、储藏都有较深入的认识，对鸡尾酒的调制方法、饮用知识等也都有了更多了解。在酒吧

工作的调酒师，个人素质、业务水平、服务意识等方面都有了长足进步。

三、国内酒吧类型

目前，我国酒吧主要分为饭店流行酒吧和夜店流行酒吧。

1. 饭店流行酒吧

饭店流行酒吧的设施、商品、服务项目等比较齐全，酒吧可以大致分为主酒吧、服务酒吧、娱乐型酒吧、供应食品的酒吧和餐厅小吃酒吧。

主酒吧又称英式酒吧，其特点是在吧台前设置吧凳，客人可以观看调酒师的整个服务过程。在这类酒吧中，客人饮酒时间一般较长，酒吧环境装饰高雅、美观，具有明显的特色。

服务酒吧的特点是一般不设置吧凳，调酒师与客人的直接接触非常少，根据服务内容一般将酒吧分为以下两类。

1）纯饮品酒吧

纯饮品酒吧主要提供各类饮品，也有一些佐酒小吃，如果脯、杏仁、腰果、果仁、花生等坚果类食品，据科学验证，人们喝酒之后流失最多的就是此类食品中所含物质。一般娱乐中心、机场、码头、车站等处的酒吧均属此类。

2）供应食品的酒吧

供应食品的酒吧，又称餐厅小吃型酒吧。绝大多数中餐厅，酒水是食物经营的辅助品，仅作为吸引客人消费的一个手段，所以酒水利润相对于酒吧要低，品种也较少，但目前在高级餐厅中，其品种及服务有增强的趋势。

从经营的角度来讲，含有食品供应的酒吧其吸引力总是要大一些，客人消费也会多一些，所以尽量供应食品，才能增加客人的消费。小吃往往是风味独特且易于制作，如三明治、汉堡、炸肉排等。这种以酒水为主的酒吧中，客人消费也会高些。

2. 夜店流行酒吧

夜店流行酒吧主要为满足工作后的休闲需求。此类酒吧一般开设在闹市区，经营品种齐全，服务设施优良，并附有其他娱乐项目。常见的形式主要有以下几种。

1）茶座

茶座是客人松弛精神、怡情养性的场所，主要为满足客人谈话、约会和放松的需求，所以座位很舒适，灯光柔和，音响、音量较小，环境温馨、优雅，是聊天、谈心的好场所，又称静吧。供应的饮料以软饮料为主，咖啡是其所售饮品中的一个大项。

2）夜宵式酒吧

夜宵式酒吧是高档餐厅夜间经营的场所。入夜，餐厅将环境布置成类似酒吧型，有酒吧特有的灯光及音响设备。产品上，酒水与食品并重，客人可单纯享用夜宵或其特色小吃，也可单纯用饮品。

3）娱乐型酒吧

娱乐型酒吧的环境布置及服务主要为了满足寻求刺激、兴奋、发泄的客人。这种酒吧往往会有乐队、舞池、卡拉OK、时装表演等，所以基吧台在总体设计中所占空间较小，舞池较大。此类酒吧气氛活泼，热烈豪放，青年人比较喜欢这类酒吧。

4）俱乐部

俱乐部又称沙龙吧，这种酒吧是由具有相同兴趣、爱好、职业背景、社会背景等消费人群组成的松散型社会团体，在某一特定酒吧定期聚会，谈论共同感兴趣的话题，交换意见及看法，同时有饮品供应。例如，在城市中可看到"企业家俱乐部"、"股票沙龙"、"艺术家俱乐部"、"单身俱乐部"等。

第二节　酒吧服务

一、酒吧服务的内容

调酒师是指在酒吧或餐厅专门从事调制酒水和推销酒水的专业人士。

在一般的酒吧中，调酒师的具体工作有开吧、调制酒水、酒水补充、应酬客人及吧台日常管理五个方面。

1. 开吧

开吧就是为酒吧的日常营业做好各项准备工作，包括摆酒、打冰、切配装饰物、提货等。在开吧前，清洁工作尤为重要。清洁的主要对象一般有各种调酒用具、杯具器皿及吧台等，其目的是要给客人提供一个干净卫生、安心享受的环境。

2. 调制酒水

广义上的调酒内容丰富、花样繁多，有鸡尾酒及混合饮料的调配，奶昔的制作，啤酒、红酒的服务等。鸡尾酒一定是混合饮料，但混合饮料不一定是鸡尾酒。其中，比较常见的混合饮料有石榴红糖浆加橙汁、兰香橙加雪碧等。

3. 酒水补充

调酒师必须注意酒吧内的酒水及所出售的货物是否缺乏，如果缺乏就需要补货。调酒师在补货时有一个必须遵守的原则——先进先出，后进后出，从而避免酒水过期，造成不必要的浪费。

4. 应酬客人

应酬客人实际上是一个沟通和促销的过程。前期是与客人进行沟通，后期则可以向客人推销包括鸡尾酒、烈酒及果汁在内的各种特色酒水。

5. 吧台日常管理

在酒吧工作中，日常管理的内容一般有账目的管理、人员的管理、成本的控制等。其中，人员的管理涉及例会等内容，如在例会中会讨论怎样服务客人、解决难题等。

二、酒吧设计原则

调酒师要对自己工作的场所——酒吧有所了解，称职的调酒师要对酒吧有深入的认识并具备基本的酒吧设计及装修知识。

建一个酒吧需要有两部分内容支持，一是软件部分，二是硬件部分。所谓软件，就是工作人员的自身素质、业务素质、经营推销意识等基本内容。所谓硬件就是给人最直观的感受，包括装修、设计、各项物品及设备的布局等。

酒吧的设施，通常由吧台、操作台、酒柜、酒水冷藏柜、制冰机、碎冰机、搅拌机、咖啡机、洗杯机、消毒池、洗涤池等设施构成。此外，酒吧的设计装修风格要考虑以下因素。

1. 酒吧布局的一般原则

在酒吧的专业设计与布局中，并没有硬性规定酒吧各种设备的摆放位置，不过需要有一定规律，主要以方便调酒师的操作，注重工作的实用性为原则。

2. 酒吧的家具

酒吧的桌椅可以个性化，不必高贵华丽，但一定要方便更换、移动，更要考虑给客人带来的舒适度。

3. 酒吧的照明

在酒吧的设计中，照明设施所起的作用是不容忽视的。灯光的设计可以为酒吧营造温馨的气氛，吸引客源。在灯光的设计中，灯具样式、种类、灯光强度等方面都要仔细考虑。光线要柔和、不刺眼。灯具除吊灯以外，还有壁灯、射灯及彩灯等，样式上的搭配要根据酒吧装修的主题进行选择。

4. 酒吧的音乐

无论酒吧的风格是静还是动，音乐在其中都具有画龙点睛的作用，音响设备的配置要充分考虑到这一点。

5. 酒吧的通风及防火

酒吧是休闲场所，烟、酒是酒吧的主要经营产品，因此，保持屋内空气清新和卫生十分重要。乌烟瘴气的酒吧不仅会对客人的身体健康造成影响，同时也会对未来的经营产生负面影响，对于这一点，在设计之初就要考虑通风换气的功能。

酒吧是火灾高发地，因为客人的烟头是每天都存在的火灾隐患。酒吧一定要有足够的灭火装置，同时要有安全、快速的通道及出口。酒吧防火也是酒吧管理的重要内容。

三、吧台的结构及辅助设施

1. 吧台的结构

吧台由前吧台、中心吧、后吧组成。每个酒吧吧台的长度、宽度、高度都会有所不同，要根据其自身条件和风格来决定。

1）前吧台

前吧台（前台）是客人饮用酒水的地方，它通常位于酒吧的中心部位或正对门口，是酒吧的心脏。通常酒吧的吧台高度为120～130厘米，宽度为70～75厘米，多采用大理石或较容易擦拭、耐磨、不易被腐蚀的材料制成。

根据吧台的高度，吧凳高度为90～100厘米，通常可做调整。吧凳可选择木质，也可选择软材料，这样客人靠在椅背上会感到更加舒适。

2）中心吧

中心吧又称工作台。这里主要是摆放调酒用具及调酒师制作鸡尾酒和果盘的地方。它位于前吧台的后下方，高度通常根据前吧台而定，原则上比前吧台低40～50厘米，高度约为70～90厘米，宽度为40～50厘米。

3）后吧

后吧（展酒柜）上面几层通常摆放一些较名贵的酒品，以显示酒吧档次和接待能力；下面几层则摆放较常见且用量大、服务频率高的酒，以方便调酒师的摆与取。后吧的高度最高不能超过180厘米，最下层不能低于120厘米。这样才能方便大多数调酒师的取酒与摆放。

后吧与中心吧的距离应保持在90～110厘米。如果酒吧较大、吧台较长、客人较多、效益较好，调酒师们在吧台内会经常交差换位，因此这里的宽度需要适合两个人同时半侧身通过才行。如果酒吧安排有花式调酒的表演，那么后吧与中心吧的距离还要更大一些，距离为150～200厘米，只有这种距离才能满足花式调酒的需要。

2. 吧台的辅助设施

1）洗涤池、消毒池

水池是必备的设施，通常由三部分组成，一部分用于清洗杯具、用具；一部分用于浸泡消毒杯具、用具；另一部分用于清洗其他物品。它们通常被安置在操作台的中心部位，调酒师无论从吧台哪个位置撤回的用具都能较方便、较快地进行清洗。对于水池的要求，一般要做到操作方便，符合卫生条件。

2）冷藏设备

鸡尾酒等各种酒水一般都需要冷藏，冷冻后的酒水口感更佳，因此冷藏设备是酒吧必不可少的设施。冷藏设施的形式多种多样，选择哪种要根据实际情况而定。

总之，酒吧是典型的服务场所，尤其要突出"以人为本"，无论酒吧设计是彰显个性，还是突出主题，最终都要使客人满意。在设计中，尽可能将装修成本降到最低。要经常了解流行风格与趋势，根据大多数客人的喜好进行更改，不要一成不变。

四、酒吧客人的类型

在酒吧服务的过程中，应该先了解客人的类型，根据客人的类型进行不同侧重点的营销服务，也可以在处理与客人的矛盾时，根据客人的性格类型对症下药，这样效果更佳。常见的客人类型有以下几种。

1. 社交型

酒吧是休闲场所，为客人提供交际服务是其主要功能。因此，喜欢社交的客人是酒吧的常客。此类客人以男性商务客人居多，由于与人交往广泛，阅历丰富，也喜欢与人攀谈。调酒师在服务过程中可将饮品介绍得更为详细，令他们满意，他们也会为你的酒吧做宣传。

2. 习惯型

习惯型客人是酒吧经常接待的对象。他们注重礼仪，每次消费金额相差不多，所点的饮品也差不多。这类客人最有可能成为酒吧最稳定的回头客，因此，这类客人越多，酒吧的经营就越稳定。对待这类客人的关键是不要轻易改变他们的习惯，最忌讳硬性向这类客人推销其他饮品，应提供给他们更多的归属感。聪明的调酒师能培养出更多的习惯型客人。

3. 温柔理智型

温柔理智型客人以东方女性居多。她们个性温和、文雅，容易相处，且易于接受意见。进行饮品推荐时，应介绍最适合她们的饮品，让她们对服务产生信任感。这类客人非常聪明，处事懂得理性思考，不花冤枉钱。因这类客人往往以中产阶级为主，他们的消费能力特别强，是酒吧和咖啡店的主要消费人群。对待这种客人必须以诚相待，不要在这类客人面前耍小聪明。

第三节　酒吧的经营

酒吧的经营者应具有亲和力、友善、容易与人相处，还要有魅力，有很好的记忆力、理解力，有服务意识和把握全局的能力，会化解矛盾。但其经营理念必须始终贯彻以人为本的原则，酒吧在经营中要注重客人的感受及酒吧自身给客人的感觉，在潜移默化中让客人留恋酒吧。酒吧的经营正如其他娱乐活动的经营一样，只有纯粹才可能做得专业，只有专业才可能区别于其他娱乐活动，也只有这样才可能有独特的魅力和生命力。

一、酒吧的人员配备与工作安排

1. 酒吧的人员配备

酒吧的人员配备依据两项原则，一是酒吧工作时间，二是营业状况。酒吧的营业时间多为中午11点至凌晨2点，上午客人是很少到酒吧去喝酒的，下午客人也不多，从傍晚直至午夜是营业高峰时间。营业状况主要看每天的营业额及供应酒水的杯数，一般的主酒吧（座位在30个左右）每天可配备调酒师4～5人。服务酒吧可按每50个座位每天配备调酒员2人，如果营业时间短，可相应减少人员配备。每日供应

100杯饮料，可配备调酒师1人。如某酒吧每日供应饮料500杯，可配备调酒师5人。

2. 酒吧的工作安排

酒吧的工作安排是指按酒吧日工作量的多少来安排人员。通常上午时间，只是开吧和领货，可以少安排人员。晚上营业繁忙，所以多安排人员。在交接班时，上下班的人员必须有半小时至一小时的交接时间，以利清点酒水和办理交接班手续。酒吧采取轮休制，节假日可取消休息，在生意冷清时补休。工作量特别大或营业超出计划时，可安排调酒员加班加点，同时给予足够的补偿。

二、酒吧的质量监督

1. 每日工作检查表

每日工作检查表用以检查酒吧每日工作状况及完成情况。可按酒吧每日工作的项目列成表格，还可根据酒吧实际情况列入设备维修、服务质量、每日例会等项目。由每日值班的调酒师根据工作完成情况填写并签名。

2. 酒吧的服务、供应

酒吧能否经营成功，除了本身的设施、设备外，主要取决于调酒师的服务质量和酒水的供应质量。服务要求礼貌周到、面带微笑。微笑的作用很大，不但能给客人以亲切感，而且能化解矛盾。调酒师要训练有素，熟悉酒吧的工作程序、酒水的品牌，操作熟练。酒水质量是关键，所有酒水都要严格按照配方要求，绝不可以任意取代或减少分量，更不能使用过期或变质的酒水。特别要留意果汁的保鲜时间，保鲜期一过便不能使用，所有汽水类饮料在开瓶（罐）两小时后都不能用于调制饮料。凡是不合格的饮品不能出售给客人，这样才能为酒吧树立良好的声誉。

3. 工作报告

调酒员要完成每日工作报告。每日工作报告可登记在记录簿上，每日一页，内容有营业额、客人人数、平均消费额、操作情况及特殊事件等项。从营业额可以看出酒吧当天的经营情况及盈亏情况；从客人人数可以看出酒吧座位的使用率与客人来源；从平均消费额可以看出酒吧成本同营业额的关系及营业人数的消费标准。酒吧里发生的特殊事件要记录、上报，处理后要登记，有些要报告上级的，要及时上报。

4. 酒水成本的控制

酒水成本是指酒水在销售过程中的直接成本。用酒水的进货价与销售价来确定，可以用百分比来计算。例如，可口可乐的进货价为每罐2元人民币，售价是10元人民币，酒水的成本为2元人民币，成本率为20%。

作为一名酒吧管理者需要具备最基本的知识——酒水成本控制及成本核算。成本控制应该是多方面的、综合性的管理，单一强调某一环节都不能有效地进行控制。为了更好地控制成本，必须了解酒吧成本控制的有关内容。

1）饮料配制的成本控制

（1）使用饮料的标准配方卡。饮料配制标准的内容主要包括标准饮料单、标准用量、标准配方、标准程序、标准牌号、标准价格和标准成品样式等。

（2）结合每瓶酒应出的份数，检查调酒师的用酒量是否标准，使消耗数量与生产中使用的数量一致，其中管理人员可留出一定量的损耗。

（3）使用量酒杯、量酒器等计量工具。

（4）根据质量要求和成本标准，对饮料生产人员和计划人员进行培训，详细讲解调配饮料所用饮料种类、数量、配料装饰物和制作时的注意事项。

（5）对酒吧调酒员进行反复的实操培训，熟悉所有标准及注意事项，务必保证在对客服务时能迅速做好各项工作，高效、优质地满足客人的需求。

（6）营业结束后，酒吧存货柜或库房应加锁保管，同时冰柜柜门也应锁好，防止饮品丢失或损坏；并由当班管理人员确认后，将各酒吧钥匙收存，统一保管。

（7）实际使用饮料数量的成本和实际营业收入要进行比较，以便及时发现问题。

（8）酒吧人员必须对现金和酒吧标准存货负责。计算成本利率与标准成本。

2）计算单杯酒品销售成本的两种方法

（1）用整瓶酒的容量除以每杯酒的标准容量，求出每瓶酒可以倒出几杯。这里以一瓶750毫升的金酒为例，每份（杯）酒的容量为30毫升，整瓶酒可允许的溢出量为30毫升，可用（750-30）毫升÷30毫升/份（杯）=24份（杯），即整瓶酒实际可售份数为24份（杯）。然后用每瓶酒的成本除以杯数，求出每杯酒的成本。

（2）成本率的计算

每一杯酒水和饮料的成本及销售价格确定以后，将酒水、饮料的实际成本率与标准成本率相比即为成本率。

$$成本率=（成本÷售价）×100\%$$

这样就可以记下标准成本率与实际成本率之间的差额了。出现差额是在意料之中的，因为"标准"是建立在假设一切事物都处在最佳状态时所发生的，而这样理想的状况是很少出现的。管理者在调查产生差异的原因之前，就应该确定什么样的差异是在允许范围之内的。一般来说，误差应控制在所定标准的±0.5%以内。

3）酒吧设备与用具成本控制

酒吧的设备和用具是酒吧全面成本控制中的另一个方面，它同饮料一样，也一并记入酒吧总成本，所以非常重要。与饮料成本控制相比，酒吧设备与工具的成本控制侧重点应放在破损和失窃上。

（1）设备成本控制。

为了更好地控制设备成本，酒吧管理人员要做到以下几点。

① 全面了解酒吧设备。

任何物品、设备要想真正发挥它的功效就要先对它进行充分的了解，作为一名合格的酒吧管理人员，不但要精通各种酒水知识、服务技巧、管理经营方式，还要对各种酒吧设备了如指掌。

② 给予员工充分的培训。

许多专业知识和窍门可以在工作中慢慢摸索、寻找规律，但这需要一定的时间，而且在这个过程中会造成浪费，影响工作效率。为避免这种情况的发生，管理人员应给予员工充分的培训。

③ 加强工作中的监督力度。

对员工进行培训后，还要在工作中进行监督，确保员工将培训内容运用到实际工作中去。

（2）用具成本控制。

与酒吧设备一样，酒吧用具的破损也是应该予以关注的，但还有一点不同，就是更要防止酒吧用具的丢失。由于它体积小、质量小，且制作精美、成本较高，故容易丢失，所以酒吧管理人员要妥善保管。

4）酒吧用具的收存与保管

在酒吧用具的成本控制中，正确、合理的保管方式也极为重要。将不经常使用的用具妥善保管，减少不必要的重复磨损，延长多数用具的使用寿命，无形中降低了成本，更细致地做到了成本控制。此外，还应注意保管、领用的标准程序。所有物品、用具的保管和使用一样重要，都关系到酒吧的成本。酒吧成本控制的内容中还包括酒吧人员成本控制、酒吧资金成本控制、酒吧营销成本控制和酒吧成本综合分析等内容。

三、如何经营一家让客人满意的酒吧

经营一家让客人满意的酒吧需要经营者注意以下几点。

1. 学习与进取

调酒师这一职业在国内属于新兴职业，但其发展速度很快。这种形势要求其从业人员必须及时吸取新的知识，并要最大限度地发挥创造性，不断推陈出新，才能赢得顾客的好评。作为酒吧服务者，为客人提供的是全世界的酒水和饮料，所以，不但要熟练掌握所有酒水的产地、用料、特性，还要有一定的外语水平。

2. 服务理念

酒吧属于典型的服务性行业，生产的产品是所谓的"无形产品"。从客观上来说，"无形产品"的量化和考核更困难一些，因此，"一切为了顾客"的服务理念是永恒的主题，并可细化为以下内容。

（1）认真细致。调酒师必须将每一道服务程序、每一处细节都做得非常出色，包括硬件、软件、心理、气氛、环境等。让客人无可挑剔，甚至超出客人的期望值，令客人喜出望外。

（2）精心打造。调酒师以主人翁的态度，积极地发挥自己的创意，精心创造出令宾客满意的服务氛围。

（3）微笑服务。微笑的重要性不言而喻，调酒师应该对每一位宾客提供微笑服务。

（4）宾至如归。把每一位宾客都当作亲人和朋友，让客人感受到如同家人一般亲切、温暖，有说不出的喜悦。调酒师在每一次接待服务结束时，都应该显示出诚意和敬意，感谢客人的光临，并主动邀请宾客再次光临。

3. 服务态度

在服务工作中，往往"态度"决定一切。客人对服务质量的投诉，也主要针对服务态度。

首先是对管理者的态度，称职的调酒师应该尊敬管理者，服从管理者的决定并有效率地执行。其次是对客人的态度，称职的调酒师对待客人必须是热情有礼，保持得体的微笑。最后是对工作的态度，认真、严谨的工作态度是称职的调酒师必须具备的素质。

4. 迎客及送客

迎客是一个非常关键的环节，通常由专门的员工——领位来完成。

客人来到酒吧第一个见到的服务者是领位，第一印象也由此形成。从心理学的角度看，第一印象往往起着决定的作用。所以领位员一般都由外形条件较好、有亲和力、反应快、对酒吧有深刻而全面了解的年轻女性来担当。领位员应保持标准站姿，面带微笑向客人询问有无预订、人数多少，以及喜欢坐在什么样的位置。领位员引领客人入座的过程中，应与客人做简单的交谈，如介绍酒吧、询问客人的基本情况等，稍后与盯桌的服务员交接。

送客的工作一般由为这桌客人提供服务的服务员来完成。客人起身要离开的时候，服务员主动为客人将椅子拉开，并主动与客人交流，可以询问客人对酒吧是否满意、有什么意见和建议等。

第四节　酒吧经营者应具备的基本素质

一位经济学家说过"当经营的利润增长和自己的兴趣、爱好结合在一起的时候，最令人感到快乐。"

有这样两个经营者的故事。一个是天才面包师，自打一生下来，就对面包有着无比浓厚的兴趣，闻到面包的香气就如痴如醉。长大后，他如愿以偿地做了面包师。他做面包时要绝对精良的面粉和黄油；要有一尘不染、闪光晶亮的器皿；打下手的姑娘要赏心悦目；伴奏的音乐要称心宜人。四个条件缺一不可，否则酝酿不出情绪，没有创作灵感。他完全把面包当作艺术品，哪怕只有一勺黄油不新鲜，他也要大发雷霆，认为那简直是难以容忍的亵渎。哪一天要是没做面包，他就会满心愧疚；馋嘴的孩子和挑剔的姑娘只能去吃那些粗制滥造的面包了。他从来不去想今天少做了多少生意，然而他的生意却出人预料地好，超过了所有比他更聪明活络、更迫切赚钱的人。

另一个故事的主角是一个药铺老板。这个药铺的老板幼年时父亲因抓不起药而命赴黄泉，他发誓要开一个乐善好施的药铺。当了老板后他不改初衷，童叟无欺，贫富不二。他还自学成才，专门给无钱看病的人开方子。一些药界行家见此大摇其头：一副败家子做派，不赔本才怪！然而他的生意却日渐红火，超过了所有比他更会降低成本、更精明强干的人。世间的许多事情都是如此，当你刻意追逐时，它就像蝴蝶一样振翅飞远；当你拂去表面的凡尘杂念，为了社会，为了他人，专心致力于一项事情时，那意外的收获已经在悄悄地问候你了。

一个成功的酒吧经营者要做到以下几点。

1. 喜欢酒吧

酒吧的文化特性和经营的特殊性，决定了酒吧经营者必须首先喜欢酒吧，才能够理解它、经营它。

因此，喜欢酒吧这种生活方式是前提。

在服务行业中，有一个名词称为"夜店"。夜总会、卡拉OK厅、Disco舞厅、咖啡厅和酒吧等都属于"夜店"。这些行业的从业者，都是晚上工作，白天睡觉。这种生活完全打破了正常的生活习惯，生物钟也完全与别人相反。当你有能力并且渴望经营酒吧时，这些因素都要考虑，不要因为一时冲动而踏入这一领域。

成功的酒吧经营者，回顾开酒吧的过程，都觉得这绝对不是一个偶然的过程，而是性格和爱好必然结出的果实。几乎所有的酒吧经营者，开家酒吧的最初想法都是从走进酒吧并喜欢上酒吧这种环境、气氛开始的。可能不知道在什么时候，和谁一起，为了什么第一次走进了酒吧，随便选择了一个位置，看到的、听到的、触摸到的、闻到的，所有这一切，改变了爱好和未来的从业发展方向。

2. 有一定的文化品味

经营一家酒吧，必须熟悉酒吧所代表的消费文化。同咖啡馆一样，酒吧也是舶来品。现代酒吧来自于西方，但又不能完全模仿西式酒吧。地域、气候特点和饮食文化的差异，决定了酒吧的内容和形式。作为酒吧的主人，也应该是熟知中西方文化，善于从中西方文化的差异中找到消费习惯、消费喜好的结合点，从而确定开设酒吧的形式和消费内容。

3. 喜欢结交朋友

一个酒吧经营者，应该让每一个走进酒吧的客人成为你的朋友。所以，作为酒吧的老板，要善于把握每一个人的心理，还要有一点幽默感，只有这样，才会得到更多的客人认可，客人才会喜欢你和你的酒吧。当然，也要具备坦率、诚实、宽容和不拘小节等品质。汉口江滩有一家酒吧，面积不大，位置也不好，但来这里消费的客人却非常多，这是什么原因呢？就是老板有非常强的交流和沟通能力，老板和客人见面时打一个招呼，或是简单的一句问候，都是处处用心，恰到好处的。来过他酒吧的客人，离开酒吧时总有一种不尽兴的感觉，总想和老板再聊上几句，成为老板的朋友，这样的酒吧，生意怎么能不好呢？

4. 有广泛的兴趣、爱好

如果酒吧老板懂一点书法，会写一手好字，或者弹得一手好吉它，或者是足球的狂热爱好者，这些都会对酒吧的经营起到积极的促进作用。武昌有几家酒吧，就是因为酒吧老板喜欢读书，喜欢摄影，喜欢旅游，经营的酒吧于是成为读书人、摄影爱好者和背包族相互交流的俱乐部。

5. 有一定的经营头脑

目前，社会上酒吧的经营者一般有两类心态，第一类是利用酒吧聚集志趣相投的朋友，做自己爱做的事，实现自己的梦想，不追求酒吧盈利；另一类是单纯的商业行为，通过商业操作，努力获得最大的投资回报，是功利主义的心态。不管哪一种心态，要经营酒吧，被某个特定群体所认可，必须是可持续性经营并且能够自负盈亏。可能某一时期酒吧在支出和收入上是不平衡的，特别是酒吧初创时期，但必须要看到酒吧的发展前景和未来的收益能力。要有快乐赚钱的心态，不赚钱的经营者不是一个好的经营者，不赚钱的酒吧也绝不是一个好酒吧。酒吧也是一种产业，作为经营者，要按照该行业的规律和特点来操作和经营。酒吧首先是服务行业，在给客人提供产品的同时，还要附加最好的服务；酒吧还是一种文化消费产业，不要把商业和文化割裂开来，应该利用文化的手段，赋予它更多的文化内涵；酒吧还是娱乐产业，应该给客人更多的快乐和愉悦，总之，不能违背酒吧产业的规律。

 复习思考题

一、选择题

1. 如果酒吧安排有花式调酒的表演，那么后吧与中心吧的距离还要更大一些，距离为（　　）厘米。
   A．150～200　　B．110～120　　C．120～130　　D．130～140

2. 酒吧的营业时间多为（　　）。
   A．上午8点至凌晨2点　　　　B．上午9点至凌晨2点
   C．上午10点至凌晨2点　　　 D．中午11点至凌晨2点

3. 一瓶750毫升的金酒，每份（杯）酒的容量为30毫升，整瓶酒可允许的溢出量为30毫升，即整瓶酒实际可售份数为（　　）份（杯）。
   A．21　　　　B．22　　　　C．23　　　　D．24

4. 可口可乐的进货价为每罐2元人民币，售价是10元人民币，酒水的成本为2元人民币，成本率为（　　）。
   A．50%　　　B．40%　　　C．30%　　　D．20%

5. 对于酒吧经营者来说，最基本的素质是（　　）。
   A．喜欢酒吧　　B．喜欢赚钱　　C．喜欢喝酒　　D．喜欢交友

6. 酒吧调酒成本的控制是允许存在误差的，一般应控制在（　　）之内。
   A．±0.3%　　B．±0.4%　　C．±0.5%　　D．±0.6%

7. 在服务行业中，有一个名词称为"夜店"，下列属于夜店的是（　　）。

　　A. 家乐福超市　　　　　　　　B. 沃尔玛超市

　　C. Disco舞厅　　　　　　　　　D. 工贸家电

8. 作为一名酒吧管理者，必须具备最基本的知识是（　　）。

　　A. 酒水成本控制　　　　　　　B. 酒水成本核算

　　C. 酒水成本控制及成本核算　　D. 其他

9. 根据目前我国酒吧的分类方法，一般将酒吧分为（　　）。

　　A. 五类　　　　B. 四类　　　　C. 三类　　　　D. 两类

10. 以一瓶750毫升的金酒计算，每份（杯）酒的容量为30毫升，整瓶酒可允许的溢出量为（　　）。

　　A. 30毫升　　B. 40毫升　　　C. 50毫升　　　D. 60毫升

11. 与饮料成本控制相比，酒吧设备与工具的成本控制侧重点应在（　　）上。

　　A. 延长使用时间　　　　　　　B. 降低进价

　　C. 破损和失窃　　　　　　　　D. 其他

12. 所有汽水类饮料在开瓶或开罐（　　）后都不能用以调制饮料。

　　A. 四小时　　B. 三小时　　　C. 两小时　　　D. 一小时

13. 酒吧能否经营成功，除了本身的设施、设备外，主要靠调酒师的服务质量和（　　）。

　　A. 定时总结会　　　　　　　　B. 礼貌服务

　　C. 微笑服务　　　　　　　　　D. 酒水的供应质量

14. 随着世界旅游业及餐饮业的迅速发展，（　　）已慢慢从餐厅中分离出来，成为专门销售酒水、配制酒水、供客人休闲及交友聚会的场所。

　　A. 茶馆　　　B. 酒吧　　　　C. 休闲屋　　　D. 卡吧

15. 酒吧经营者的基本素质有（　　）。

　　A. 喜欢玩　　　　　　　　　　B. 广交朋友

　　C. 应该是专家　　　　　　　　D. 不需要一定的经营头脑

16. 从经营的角度来讲，（　　）的吸引力总是要大一些，客人消费也会多一些。

　　A. 含有食品供应的酒吧　　　　B. 咖啡吧

　　C. 卡吧　　　　　　　　　　　D. 氧吧

17. 酒吧提供（　　），以营利为目的，是从事有计划经营的一种经济实体。

　　A. 服务　　　B. 菜肴　　　　C. 娱乐　　　　D. 服务及饮品

18. 服务酒吧可按每50个座位每天配备调酒员（　　）人，如果营业时间短，可相应减少人员配备。

　　A. 1　　　　　B. 2　　　　　C. 3　　　　　D. 4

19. 酒吧吧台的适宜高度为（　　）。

　　A. 90～100厘米　　　　　　　B. 100～110厘米

　　C. 110～120厘米　　　　　　　D. 120～130厘米

20. 中国最早出现的酒吧是以经营茶水为主，没有"酒吧"两个字，而是以一个（　　）作为标志。

    A．招牌　　　　　　　　B．旗帜

    C．拴马的木梁　　　　　D．其他

二、简答题

1．简要介绍国内酒吧状况。

2．如何经营酒吧？

附　　录

附录A　国家茶艺师职业标准

茶艺师国家职业标准，规定了茶艺师的职业概况、基本要求和工作要求，以及职业功能、工作内容、技能要求等相关知识。

一、服务与销售

1. 茶事服务

（1）能够根据顾客状况和季节不同推荐相应的茶饮。
（2）能够适时介绍茶的典故、艺文，激发顾客品茗的兴趣。
① 掌握人际交流的基本技巧。
② 介绍有关茶的典故和艺文。

2. 销售

（1）能够揣摩顾客心理，适时推介茶叶与茶具。
（2）能够正确使用茶单。
（3）能够熟练完成茶叶茶具的包装。
（4）能够完成茶艺馆的结账工作。
（5）能够指导顾客进行茶叶储藏和保管。
（6）能够指导顾客进行茶具的养护。

二、接待

（1）能保持良好的仪容仪表。
（2）能有效地与顾客沟通。

三、准备与演示

1. 茶艺准备

（1）能够识别主要茶叶品级。
（2）能够识别常用茶具的质量。
（3）能够正确配置茶艺器具和布置表演台。

2．茶艺演示

（1）能够按照不同茶艺要求，选择和配置相应的音乐、服饰、插花、茶挂。

（2）能够担任三种以上茶艺表演的主泡。

（3）能够设计和布置基本的茶席。

三、服务与销售

（1）能够介绍清饮法和调饮法的不同特点。

（2）能够向顾客介绍中国各地名茶、名泉。

（3）能够解答顾客有关茶艺的问题。

（4）能够根据茶叶、茶具销售情况，提出货品调配建议，介绍货品调配知识。

附录B　国家调酒师职业标准

根据原国家旅游局、人社部对酒吧调酒师的要求，并参照国际调酒师协会对调酒师的要求，将中级调酒师的技能要求标准阐述如下。

一、知识要求

（1）具有高中以上文化水平。
（2）具有一定英语水平及对话能力。
（3）具有两年以上工作经验。
（4）掌握发酵酒的知识。
（5）掌握蒸馏酒的知识。
（6）掌握配制酒的知识。
（7）掌握酒品的色、香、味、体，具有识别真伪的能力。
（8）掌握鸡尾酒的配制常识。
（9）熟悉酒吧的设计和装修原则。
（10）具备酒水的成本控制能力。
（11）掌握酒吧专业术语及专业英文词汇。
（12）具备酒会、酒吧的设计组织及管理能力。
（13）掌握饮用咖啡的礼仪。
（14）掌握酒水与菜肴搭配原则。
（15）具备酒吧日常经营管理能力。
（16）能够辅导初级调酒师及实习生学习业务知识。
（17）熟悉各种水果的营养成分及储藏方法。
（18）掌握茶的特性、杯具的使用及冲泡方法。

二、技能要求

（1）具备十种以上的果盘制作能力。
（2）掌握"花式调酒"的制作。
（3）熟练操作各种设备。
（4）熟练掌握鸡尾酒的调制方法。
（5）能够制定酒单。
（6）能够安排、指导新员工的工作。
（7）具有解决突发事件的能力。
（8）能够独立自创鸡尾酒。

附录C　经典鸡尾酒中英文对照

一、以金酒为基酒（Gin Base）

马天尼（Martini）
金菲斯（Ginfizz）
新加坡司令（Singapore Sling）
红粉佳人（Pink Lady）
金酸酒（Gin Souk）
蓝色珊瑚礁（Blue Coral Reef）

二、以威士忌为基酒（Whisky Base）

曼哈顿（Manhattan）
古典（Old Fashioned）
纽约（New York）
苏格兰酸（Scotch Sour）
爱尔兰咖啡（Irish Coffee）
威士忌苏打（Whisky Soda）

三、以朗姆酒为基酒（Rum Base）

白卡地（Bacardi）
自由古巴（Cuba Libre）
蓝色夏威夷（Blue Hawaii）
迈代（MiTai）

四、以伏特加为基酒（Vodka Base）

咸狗（Salty Dog）
奇奇（Chi-Chi）
血玛丽（Bloody Mary）
俄罗斯（Russian）
黑俄（Black Russian）

五、以白兰地为基酒（Brandy Base）

亚历山大（Alexander）
白兰地蛋酒（Brandy Egg nog）
马颈（Horse's Neck）

六、以龙舌兰为基酒（Tequila Base）

玛格丽特（Margarita）
龙舌兰日出（Tequila Sunrise）

七、以利口酒为基酒（Liqueurs Base）

金色凯迪拉克（Golden Cadillac）
青草蜢（Grass Hopper）
彩虹（Rainbow）

参考文献

[1] 寇丹. 鉴壶 [M]. 杭州：浙江摄影出版社，1996.

[2] 张科. 说壶 [M]. 杭州：浙江摄影出版社，1996.

[3] 童启庆. 习茶 [M]. 杭州：浙江摄影出版社，1996.

[4] 童启庆. 生活茶艺 [M]. 北京：金盾出版社，2000.

[5] 俞永明. 说茶饮茶 [M]. 北京：金盾出版社，2000.

[6] 王从仁. 中国茶文化 [M]. 上海：上海古籍出版社，2001.

[7] 李震. 茶之道 [M]. 北京：中国商业出版社，2004.

[8] 粟书河. 茶艺服务训练手册 [M]. 北京：旅游教育出版社，2006.

[9] 编写组. 中国茶百问百答 [M]. 北京：中国轻工业出版社，2006.

[10] 编写组. 初级茶艺 [M]. 北京：中国轻工业出版社，2006.

[11] 编写组. 中国酒文化趣谈 [M]. 北京：中国旅游出版社，2008.

[12] 刘雨沧. 调酒技术 [M]. 北京：高等教育出版社，2004.

[13] 胡永强. 精品调酒师 [M]. 北京：中国轻工业出版社，2009.

[14] 陈波. 中国饮食文化 [M]. 北京：电子工业出版社，2010.

[15] 鄢向荣. 茶艺与茶道 [M]. 天津：天津大学出版社，2013.

反侵权盗版声明

电子工业出版社依法对本作品享有专有出版权。任何未经权利人书面许可，复制、销售或通过信息网络传播本作品的行为； 歪曲、篡改、剽窃本作品的行为，均违反《中华人民共和国著作权法》，其行为人应承担相应的民事责任和行政责任，构成犯罪的，将被依法追究刑事责任。

为了维护市场秩序，保护权利人的合法权益，我社将依法查处和打击侵权盗版的单位和个人。欢迎社会各界人士积极举报侵权盗版行为，本社将奖励举报有功人员，并保证举报人的信息不被泄露。

举报电话：（010）88254396；（010）88258888

传　　真：（010）88254397

E-mail：dbqq@phei.com.cn

通信地址：北京市万寿路 173 信箱
　　　　　电子工业出版社总编办公室

邮　　编：100036